数学·物理
天文·地理
矿冶·陶瓷
机械·制造·军事
交通·水利·建筑
农学·生物·医药

中国人应知的
古代科技常识

陈丹阳　著

中华书局

图书在版编目（CIP）数据

中国人应知的古代科技常识/陈丹阳著. —北京:中华书局,
2020.6
ISBN 978-7-101-14544-1

Ⅰ.中… Ⅱ.陈… Ⅲ.科学技术–创造发明–中国–古代–通
俗读物 Ⅳ.N092-49

中国版本图书馆 CIP 数据核字（2020）第 068297 号

书　　名	中国人应知的古代科技常识	
著　　者	陈丹阳	
责任编辑	傅　可	
出版发行	中华书局	
	（北京市丰台区太平桥西里 38 号　100073）	
	http://www.zhbc.com.cn	
	E-mail:zhbc@zhbc.com.cn	
印　　刷	北京市白帆印务有限公司	
版　　次	2020 年 6 月北京第 1 版	
	2020 年 6 月北京第 1 次印刷	
规　　格	开本/710×1000 毫米　1/16	
	印张 15　插页 2　字数 190 千字	
印　　数	1-8000 册	
国际书号	ISBN 978-7-101-14544-1	
定　　价	46.00 元	

总目

目录

农学·生物·医药

1

"韩信点兵"是怎样一个数学问题？

韩信是汉初名将，民间流传一句歇后语"韩信点兵，多多益善"，用来形容韩信的军事才能。有意思的是，"韩信点兵"也是一个流传很广的数学问题。据说韩信在点兵的时候，会先让士兵3人站成一排，记下最后多出的人数；再让士兵5人站成一排，又记下最后多出的人数；最后让士兵7人站成一排，同样记下最后多出的人数。这样他就能算出自己部队的总人数了。

在我国，"韩信点兵"问题最早出现在南北朝时期的数学著作《孙子算经》中，叫作"物不知数"问题："一个整数除以三余二，除以五余三，除以

韩信像

七余二，求这个整数。"这个问题因此也被称为"孙子问题"。此类问题在现代数学中叫作"一次同余问题"，其解法称为"中国剩余定理"或"孙子定理"。

宋代数学家秦九韶在《数书九章》中对这个问题做出了完整系统的解答，称为"大衍求一术"。明代数学家程大位则在《算法统宗》中将它的解法编成易于上口的《孙子歌诀》："三人同行七十稀，五树梅花廿一支，七子团圆正半月，除百零五便得知。"它的意思是：将除以3得到的余数乘以70，除以5得到的余数乘以21，除以7得到的余数乘以15，全部加起来后减去105（或者

105 的倍数），得到的余数就是最后的答案。按照这个方法，《孙子算经》中"物不知数"问题的最小答案是 23。

02

九九乘法表是什么时候出现的？

今天的小学生在学习乘法时，背诵九九乘法表是一项基本功。汉语一字一音，非常适于编成简单的口诀，九九乘法表就是中国人利用口诀来学习数学、加速计算的典型例子。

九九乘法表的起源很早，古代的一些数学书籍称它的发明人是伏羲。但伏羲只是个传说中的人物。在《管子》《荀子》等先秦典籍中，都可以找到九九乘法表的若干片段，如"三九二十七""四八三十二""六八四十八""六六三十六"

秦简中的九九乘法表

等等。目前所见最早的完整九九乘法表实物出自距今 2200 年的湘西里耶秦简。

如今我们背诵九九乘法表都是从"一一得一"开始，一直背到"九九八十一"，而在古代，一开始却是倒着背的，从"九九八十一"到"二二得四"为止，大约到了十三、十四世纪的时候才改成和现在的次序一样。

关于九九乘法表，还有一个故事。相传齐桓公曾经在大厅中设置火炬，招贤纳士，整整一年却无人前来。于是东野有个人以九九乘法表作为自己的才能来晋见。桓公讥笑他说："就凭九九也能来见我吗？"这个人答道："九九并不算什么才学，但如果您以礼待我，还担心比我更有才学的人不来吗？"齐桓公赞同他的意见，以礼待之。果然，过了一个月，四方贤人就接踵而来了。

这个故事流传很广，最早的记载出自战国末期的《吕氏春秋》。虽然故事本身可能是杜撰的，但它至少说明，在当时会背诵九九乘法表早已不是什么稀罕的事情了。

什么是"百鸡术"？

百鸡术得名于《张丘建算经》中的百鸡问题，是中国古代最早明确给出一次不定方程组通解的算法。

张丘建是生活在北魏时期的数学家，他的百鸡问题如下：公鸡每只值五钱，母鸡每只值三钱，小鸡三只值一钱；现在要用一百钱来买一百只鸡，其中公鸡、母鸡和小鸡各买多少？

我们用 x、y、z 表示公鸡、母鸡和小鸡的数目，便可列出不定方程组：

$5x+3y+1/3z=100$

$x+y+z=100$

题目中隐含一个条件，即 x、y、z 都为小于 100 的正整数，张丘建给出了三组解：

$x_1=4, y_1=18, z_1=78$

$x_2=8, y_2=11, z_2=81$

$x_3=12, y_3=4, z_3=84$

书中还指出，在已知一组解的前提下，如果将公鸡数加 4，母鸡数减 7，小鸡数加 3，则可得到另一组解。用符号表示为：

$x=4+4t, y=18-7t, z=78+3t$

其中 t 取 0、1、2 时即得到上面的三组正整数解。

此后百鸡问题作为趣题一直在民间流传，许多数学家都对它做过研究。清代咸丰年间的时曰醇著有《百鸡术衍》一书。百鸡问题还流传到了印度，在十二世纪的巴斯卡拉的著作中出现了与百鸡问题设数完全相同的题目，区别只在于将百鸡改为百禽。

 4

什么是天元术？

　　天元术是一元高次方程的求解方法。因为古人在设未知数立方程的时候，用"天元"来代表未知数，因此得名。

　　天元术起源于中国传统的开方术。在《九章算术》中，就有用算筹开平方和开立方的方法，还给出了一些简单的二次方程计算题，比如求 $x^2+34x=71000$ 的解。在唐代王孝通的《缉古算经》中，已经出现了解未知数系数大于零的一元三次方程的方法。但是当时的解法是几何方法，不仅需要高超的数学技巧，还要经过复杂的推导和大量的文字说明才能完成。

　　北宋的贾宪提出了增乘开方法，用这种方法开平方和开立方要比此前的方法简便得多，并且它的运算原则可以推广到求任何高次幂和高次方程正实根的近似值。南宋的秦久韶在《数书九章》中已经可以求解十次方程的一个正根。

　　天元术大约产生于13世纪初，现存最早的有关天元术的著作是金元数学

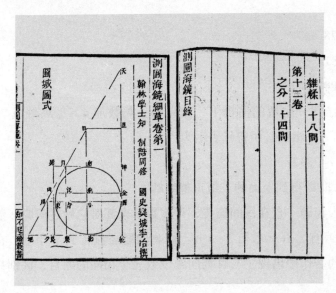

《测圆海镜》书影

家李冶的《测圆海镜》。全书共有 170 道题，全都是以一个直角三角形及其内切圆为基础，来研究各种条件下如何用天元术求圆直径的问题。

李冶列方程分为三个步骤，首先立天元一，也就是设未知数 x；然后根据题目中的已知条件列出两个等值且至少有一个天元的多项式；最后两式相消成一个高次方程。

天元术是一种半符号代数学，它的产生是中国古代方程理论基本摆脱几何思维的标志。天元术很快就被推广到求解多元高次方程组。此后又出现了"二元术"和"三元术"，元代数学家朱世杰的《四元玉鉴》探讨了四元高次方程组的解法，即"四元术"。

5

古人如何用算筹进行计算？

算筹是中国古代进行记数和列式演算的一种工具，运用算筹的计算方式叫作筹算。算筹的外形是长条形的小棍，材质以竹木为主，也有的高档算筹用骨、玉、金属甚至象牙制作而成。盛放算筹的容器叫作"算子筒"，如果外出携带的话则装在特质的"算袋"中，佩戴于腰部。算筹的产生年代已不可考，大概和远古时代以草茎、小棍来记数的方法有关。可以确定的是，至迟在春秋末年，算筹的使用已极为普遍。随着时间推移，算筹的整体趋势是越来越短，这样使用起来更加方便。

算筹

用算筹来表示数目一至九，有纵、横两种方式：

	1	2	3	4	5	6	7	8	9
横式：	一	二	三	亖	亖	⊥	⊥	⊥	⊥
纵式：	|	||	|||	||||	|||||	T	T	T	T

在表示一至五时，表示几就用几根算筹，从六开始，用一根在上方以另一种方向摆放的算筹代表五，比五多几就在下方再摆上几根算筹。之所以分为纵、横两种方式，是为了在表示多位数时纵横相间，不致混淆。个位、百位、万位等用纵式；十位、千位、十万位等用横式。这种表示方式不包括零，如果遇到某位上的数字为零，就用空位来表示。在此基础上，还可以通过算筹的颜色、形状或摆放方式来区分正负数，例如汉代就出现了用红色算筹表示正数、用黑色算筹表示负数的方法。

算筹在计算上具有简便快捷的优点，它不需要使用运算符号，且无须保留运算的中间过程，只要通过筹式的逐步变换最终就能获得问题的解答。算筹在中国古代使用的时间相当长，直到14世纪之后才逐渐被更简便的算盘所取代。

算盘是怎么发明的？

在中国古代，曾长期使用算筹作为计算工具。宋元以后，随着手工业、商业和海外贸易的发展，有大量的数学问题需要更便捷的计算方法。在这种情况下，算筹已经无法胜任。于是，在算筹的基础上，一种新的计算工具——算盘就产生了。

算盘

算盘究竟产生于何时至今仍不清楚。可以确定的是，至迟在 15 世纪初，算盘就已经在社会上广泛应用了，并逐渐取代了算筹。早期的算盘上面二珠与下面五珠之间只用一条线隔开，到了 16 世纪就改进为用木制的横梁隔开，与现在的算盘相同。

对于十进位制的计算，在算盘上似乎只要每一挡位上有一珠，下有四珠就够了，那为什么要上下各增加一珠呢？这有两方面原因。一是在多位数乘除的演算过程中，有时会遇到某一位数码大于 9 而不便进入左边一位的情况。算盘采用上二下五的结构，使每档的算珠表示的数码可以多到 15，方便了乘除演算。第二个原因是，从前的重量单位 1 斤分为 16 两，算盘上每档可以表示 15，方便直接进行斤两的加减法计算。

算盘携带方便，使用方法极其简单，它的出现是中国数学发展史上的一件大事。算盘不仅能算加减乘除，还可以用于开方、解高次方程等计算问题，不但在中国长盛不衰，还传到朝鲜、日本等国，促进了这些国家计算技术的发展。明代数学家程大位的《算法统宗》收录了 595 个运用算盘计算的问题，自 1592 年初版至民国时期不断有人翻刻，并被译成日文。从流传的长久、广泛和深入程度来讲，中国古代任何其他数学著作都不能与其相比。

什么是"幻方"？

幻方也叫纵横图，是中国古代的一种数学游戏，要求在 N 乘 N 的正方形格子中填上从 1 到 N2 共 N2 个连续自然数，使得每行、每列和两条对角线上的数字之和都相等。

最简单同时也是最古老的幻方是三阶幻方，也就是有 3 乘 3 共 9 个格子，也叫作九宫图。西汉末年的一些占卜书中出现的三阶幻方，是现存最早的幻方实物。

关于三阶幻方还有一个著名的传说。伏羲时，黄河中跃出一匹龙马，马背

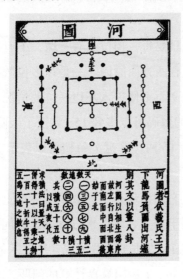

上驮着一幅图；后来大禹治水时，又从洛水中浮出一只神龟，龟背上也有一张图。这两幅图被称为"河图"与"洛书"。但对于它们具体是什么一直语焉不详，直到宋代人们将其明确为三阶幻方。

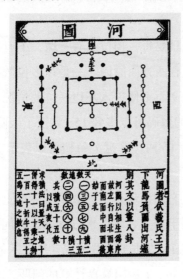

河图

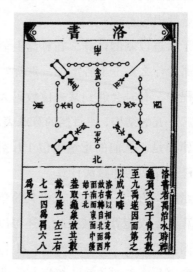

洛书

最早从数学角度对幻方加以研究的是南宋数学家杨辉。他在《续古摘奇算法》一书中给出了三至十阶幻方，其中四至八阶幻方都给出了阴、阳两种构造，还对四阶幻方的构造方法做了详细说明。除了标准幻方，杨辉还给出了一些变形幻方，不一定要求每行每列与对角线之和全部相等，也不一定是正方形。杨辉将八阶幻方称作"易数图"，这应该是因为 8×8=64，与 64 卦相吻合。他将十阶幻方称作"百子图"，有趣的是，他在书中给出的十阶幻方是错误的，每行每列之和都是 505，而两个对角线之

60	5	96	70	82	19	30	97	4	42
66	43	1	74	11	90	54	89	69	8
46	18	56	29	87	68	21	34	62	84
32	75	100	74	63	14	53	27	77	17
22	61	38	39	52	51	57	15	91	79
31	95	13	64	50	49	67	86	10	40
83	35	44	45	2	36	71	24	72	93
16	99	59	23	33	85	9	28	55	98
73	26	6	94	88	12	65	80	58	3
76	48	92	20	37	81	78	25	7	41

张潮修正后的十阶幻方

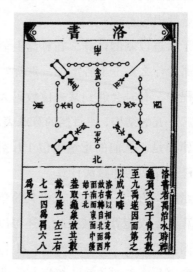

和分别为 470 和 540。清初的张潮发现了这一错误，并给出了正确的构造。

什么是"阳马术"？

在现实生活中，经常会遇到多面体体积的计算问题，中国古代的数学家很早就开始关注此类问题，其中最著名的成就是魏晋时期的数学家刘徽的"阳马术"。

在早期的数学著作《九章算术》中，就给出了许多种多面体体积的计算公式，其中包括"堑堵""阳马""鳖臑"三种由长方体切割而成的多面体。将一个长方体切割为两个全等的楔形即为堑堵，再将堑堵斜切为一个四面体和一个四棱锥，前者为阳马，后者为鳖臑。阳马的底面为矩形，有一条棱垂直于底面，而鳖臑的四面皆为直角三角形。

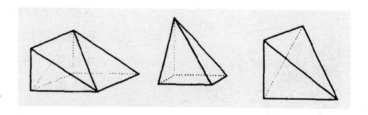

"堑堵""阳马""鳖臑"

刘徽认为，这三种多面体体积的计算十分重要，因为任何多面体都可以切割为有限个四面体，而每个四面体都可以切割为不超过 6 个鳖臑。很显然，堑堵的体积为长方体的二分之一。《九章算术》给出了阳马体积为长方体三分之一的结论，但并未给出证明。

为此，刘徽制作了一些长宽高皆为一尺的立方、堑堵、阳马和鳖臑模型，并分别涂成红黑两色，再拼成长宽高皆为二尺的红色大鳖臑和黑色大阳马，二者合并成一个红黑大堑堵。将这个大堑堵拆分重组可得到两个黑色立方和一个红色立方，以及两个形状和红黑比都与大堑堵完全相同的堑堵。如果按同样的方法再切割这两个堑堵，又可以得到更小的立方和更小的堑堵，这样不断进行下去，所得的立方的红黑比总是 1:2，而剩余部分越来越小，直至穷尽。

通过这种方法，刘徽严密地证明了阳马的体积为鳖臑的二倍。这一论证过程叫作"阳马术"，它运用了极限的概念。这个结论如今被称为"刘徽原理"。

什么是"重差法"？

在古代，测量工具的精度有限，很难测量出远处地物的距离和高度。对于山峰、海岛这样难以接近的地物，更是没办法直接测量。于是，中国古代的数学家想到了用几何学的方法进行间接测量。在这方面，魏晋时期的数学家刘徽研究最深。他精心设计了九个问题，除了地物的高度和距离，书中还介绍了水深、河湖宽、方城边长的测算方法。它们大都利用相似三角形进行测算，这种方法被称为"重差法"。这九个问题在唐代被人编纂成书，因为其中的第一题是测量海岛的高度和距离，因此命名为《海岛算经》。

例如，第一题测量海岛的方法如下：在平地上立起两根高为 3 丈的表杆，两表前后相距 1000 步，让海岛与两表在同一平面内。从前表往后走 123 步，人眼贴着地面观测，可以看到前表的顶端和岛峰重合为一点；从后表往后走 127 步，也可以看到后表的顶端和岛峰重合。这样，通过构建相似三角形，就可以计算出岛的高度和岛与前表的距离了。

《海岛算经》中的"望海岛"

重差法在理论上是可行的，但是，作为一种测量方法，它的问题在于过于理想化。刘徽的这九个问题类似于现在数学课本上的应用题，如果真的在实际中使用的话，因为每一步都有误差，累积下来误差就会大到人们难以接受的程度。因此，这样的方法虽然在数学上很有意义，但在古代的技术条件下，在实际测量活动中是难以应用的。

 10

刘徽为什么要设计"牟合方盖"？

"牟合方盖"是魏晋时期的数学家刘徽设计的一个形状奇特的几何体。方法是在一个立方体内分别作纵横两个内接圆柱体，二者相交的部分即为牟合方盖。这里的"牟"表示相等，"盖"表示伞，这个几何体的外形好像是把两个方口圆顶的伞上下拼合在一起，故取此名。刘徽设计牟合方盖的目的，是想通过它计算出球的体积。

如今我们知道，球体积的计算公式为 $V=4/3\pi r^3$，这个公式的推导是古代数学的难点之一。西汉时期的《九章算术》认为，球体积为球直径立方的9/16。这个计算方法可能来源于实物测量或几何估算。这样算出来的值要比实际值大 1/6 左右，误差相当大。此后东汉的张衡将其修正为球直径立方的 5/8，可是它比《九章算术》的值差得更多。

刘徽在为《九章算术》作注的时候，发现以上两个计算公式都不准确。一个原因可能是二者所用的 π 值都不精确，

牟合方盖

《九章算术》中取 π 值为 3，张衡则取 $\sqrt{10}$，而刘徽运用割圆术得出 π 值约为 3.14。

为此，刘徽设计了牟合方盖，并计算出球与牟合方盖的体积比为 π∶4，这样，只要算出牟合方盖的体积，便可得到正确的球积公式。实际上牟合方盖又可以分为八个形状相同的小几何体，所以问题的关键便是如何计算这八个小几何体的体积。

遗憾的是，牟合方盖的形状太过奇特，刘徽最终没能推导出其体积的计算公式。他在为《九章算术》所写的注释中坦率地承认了这一点，并表示这个问题只能留待后人去解决了。

11

什么是"祖暅原理"？

"祖暅原理"即截面原理，在西方被称为"卡瓦列利原理"，其内容是：夹在两个平行平面间的两个几何体，被平行于这两个平行平面的任意平面所截，如果截得的两个截面的面积总相等，那么这两个几何体的体积相等。

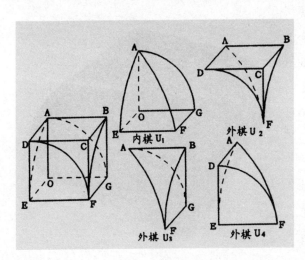

内棋与外棋

祖暅是南北朝时期的数学家，是祖冲之的儿子。在祖暅之前，刘徽已经在各种体积公式的证明中反复使用过截面原理，但并未给出明确的表述，而祖暅是第一个用精确的文字表述此原理的人，因此它便被后人称作"祖暅原理"。

祖暅运用祖暅原理的一大成就是解决了刘徽所遗留

的球积公式推导问题。对于刘徽没能算出的牟合方盖体积，祖暅巧妙地改用了另一种方法：并不直接计算牟合方盖的体积，而是计算从立方体中去掉牟合方盖后剩余部分的体积。

祖暅将立方体分为八份，去掉牟合方盖后的剩余部分被两个圆柱体切割为三块，其中方盖的部分取名"内棋"，其余三部分取名"外棋"。再以这个小立方体的顶面为底，作一个顶点在小立方体底面上的倒立四棱锥（阳马）。用平行于底面的平面在任意高度横截三个外棋和这个四棱锥，应用勾股定理，祖暅计算出三个外棋的截面面积之和与四棱锥的截面面积总是相等的。于是，根据祖暅原理可知这个四棱锥的体积即为三个外棋体积之和，这样就可以依次算出三个外棋、牟合方盖和球的体积了。

12

祖冲之是如何计算圆周率的？

一提起圆周率，可能很多人都会想到祖冲之的名字。这位南北朝时期的数学家首次将圆周率精算到小数点后 7 位数字，即在 3.1415926 和 3.1415927 之间，这一精度在全世界领先了一千多年。那么，他是如何计算圆周率的呢？

中国人很早就认识到圆的周长与半径之比是一个常数。约成书于公元前 1 世纪的《周髀算经》认为圆周率的值为 3，后人将其称为"古率"。但"古率"与圆周率实际值相比明显偏小，汉代的数学家就已发现这一问题，并想办法加以修正。

到了魏晋时期，数学家刘徽发明了一种叫作"割圆术"的方法。刘徽本打算计算圆的面积。他认为，可以在圆内不断地画内接正多边形，当边数无限增加时，多边形的面积不就无限逼近圆面积了吗？方法是在半径为 1 的圆内画一个内接正六边形，求出其边长。接着画出内接正十二边形求边长，以此类推，直到内接正一百九十二边形。刘徽算出的圆周率数值近似为 3.14，后人将其称为"徽率"。刘徽知道这个数值比圆周率的实际值要小一些。有人认为此后刘

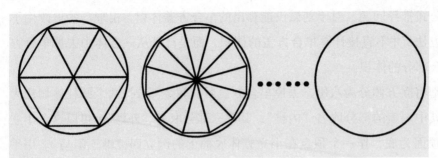

割圆术

徽还算得圆周率约等于 3.1416。

祖冲之比刘徽晚出生将近两百年，可惜他计算圆周率的方法没有留下任何记载。但今天的人们推断，除了"割圆术"之外，中国古代还找不到其他方法可以将圆周率计算得如此精确。实际上，按刘徽的方法继续割下去，当计算到正 12288 边形和正 24576 边形时，就可以得到和祖冲之相同的结论。

13

弦图是做什么用的?

弦图是一种平面几何模型，是中国古代的数学家为了证明勾股定理和相关命题而创造出来的。在中国古代，直角三角形被称为勾股形，两个直角边中较小者为勾，较长者为股，斜边为弦。弦图是通过将直角三角形移补拼合之后形成特殊正方形。它的边长等于弦长。

弦图最早出现在《周髀算经》中，但原图并未流传下来。根据《周髀算经》中商高对勾股定理的论证，今天我们可以对这幅图进行准确地复原。汉末三国时的数学家赵爽为《周髀算经》作注，又绘制了更为复杂的弦图。他将图的背景分成七七四十九个小方格，将弦图倾斜绘制在上面，弦图本身又分成了五五二十五个小方格。为了区别，还在各区域涂上了不同的颜色。

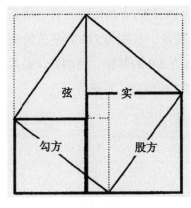
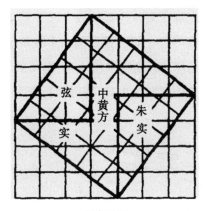

周髀弦图   赵爽弦图

受古代印刷技术的限制，赵爽的这幅弦图在不断翻刻的过程中出现了很多错误，今天的人们同样对这幅图进行了复原。从这幅弦图中可以看出，通过运用小方格，图中显示的数量关系就一目了然了。这个方法成为了一种传统，在古代流传下来的其他数学著作中，遇到关于勾股求积问题的附图，一般也都分成若干小方格。

14

为什么唱歌跑调叫作"五音不全"？

生活中人们经常称唱歌跑调的人为"五音不全"，这里面的"五音"指的到底是什么呢？

五音也叫五声，即"宫、商、角、徵、羽"，是我国古代的五个音级，它们之间的关系类似现在简谱的 1（do）2（re）3（mi）5（sol）6（la）。

我们知道，乐音的音高是由发音体的振动频率决定的。两个相差八度的音（比如中音 do 和高音 do）的频率正好相差一倍。对于弦乐器来说，在粗细和松紧程度一定的情况下，发音的音高与弦长直接相关，中音 do 的弦长是高音 do 弦长的两倍。弦乐器的这种特点最方便用于乐音的计算。先秦典籍《管子·地员》就详细记载了五音的计算方法。

假设现在有一根长度为 1 的琴弦，我们把它的音高定为宫音，将其弦长乘以二再三等分，此时长度为 4/3 的琴弦发徵音，长度为 2/3 的琴弦发商音。将发商音的琴弦长度再乘以 4/3，即得到长度为 8/9 的琴弦，发羽音。最后将发羽音的琴弦长度乘以 2/3，即得到长度为 16/27 的琴弦，发角音。

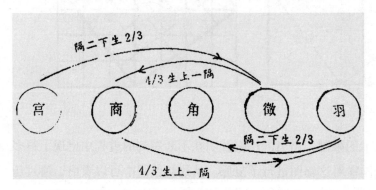

用三分损益法生成五音

这种方法由于不断将琴弦长度乘以 2/3 或 4/3，就叫作"三分损益法"，减一分为"损"，增一分为"益"。运用它得到的五音在演奏时非常悦耳，后来人们又在五音的基础上加上变宫（相当于 si）和变徵（相当于 #fa）两个音，称为七音或七声。

此外古人还赋予了五音特别的社会意义，将其与五行、五方和四季对应起来，具体如下：

五音	角	徵	宫	商	羽
五行	木	火	土	金	水
五方	东	南	中	西	北
四季	春	夏	季夏	秋	冬

15

什么是"十二律"？

用三分损益法生成的五音所表示的是相对音高，而在实际演奏中，必须定出一个音高作为音阶的起点，这就是绝对音高。

今天我们在音乐中将一个八度分为十二个半音（do、#do、re、#re、mi、fa、#fa、sol、#sol、la、#la、si），古代的中国人将这种划分方法称为"十二律"，并为其中每个固定的音高都起了一个名称，依次为黄钟、大吕、太簇、夹钟、姑洗、中吕、蕤宾、林钟、夷则、南吕、无射和应钟。

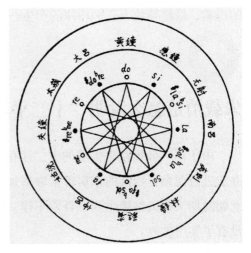

十二律

十二律又分为阴阳两类，其中奇数的六个称为"六律"，偶数的六个则称为"六吕"，合称"律吕"。因此在《千字文》中有"律吕调阳"的说法。在计算十二律时一般先确定黄钟的音高，再用三分损益法计算出其他各律。

十二律同样被赋予了社会意义，人们将它们与一年中的十二个月对应起来：

孟春	仲春	季春	孟夏	仲夏	季夏
太簇	夹钟	姑洗	中吕	蕤宾	林钟
孟秋	仲秋	季秋	孟冬	仲冬	季冬
夷则	南吕	无射	应钟	黄钟	大吕

如果将弦乐器上黄钟的弦长设为 81，则用三分损益法得到的其他各律弦长为林钟 54，太簇 72，南吕 48，姑洗 64，应钟 42.6667，蕤宾 56.8889，大吕 75.8519，夷则 50.5679，夹钟 67.4239，无射 44.9492，中吕 59.9323，清黄钟（即黄钟的高八度音）39.9549。

由于一个数连续乘以 2/3 或 4/3，无论乘多少次都不可能等于 1/2，因此用三分损益法得到的清黄钟与黄钟长度的一半（40.5）仍有差距，这就是"黄钟不能还原"的问题。除此之外，还有一个问题，用三分损益法得到的十二个音之间并不是"等距离"的，相邻两音之间的频率之比有 256∶243 和 2187∶2048 两种。这两个缺陷为音乐演奏造成了相当的麻烦。为此古代音律学家做了大量的探索，最终导致十二平均律的产生。

朱载堉是怎么发明"十二平均律"的?

　　由于用三分损益法生成的十二律存在缺陷，古代音律学家先后试用了许多办法进行调整。西汉的京房曾采取增加律数的方法，一直生到六十律。后来南北朝时期又有人继续生到三百六十律。但这种方式得到的结果极其烦琐，已经没有了实用价值。

　　南北朝的何承天则规定，相差八度的两个音的弦长必须是二倍关系，在此基础上调整按三分损益法得到的各律弦长。此后五代时期的王朴沿着这一思路继续改进，使结果更加准确。但这种方法也会造成各律之间音程紊乱，不便于实用。

　　经过一千多年的探索，明代的朱载堉终于想到了最终的解决办法。朱载堉是明太祖九世孙，其父朱厚烷为郑恭王，精通音律，为人刚直，因上书触怒明世宗而获罪。朱载堉由此在宫门外筑室独处长达19年，直至父亲平反。期间他发奋读书，致力于数学、历法和音律研究。朱厚烷去世后朱载堉本可继承爵位，但他上书皇帝自愿放弃。

　　对于十二律，朱载堉的办法是彻底抛弃三分损益法，直接将2开12次方，十二律的弦长以$\sqrt[12]{2}$的公

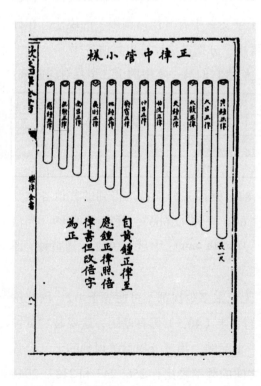

朱载堉的律管设计图

比依次缩短。这样一来就能保证相邻两音之间的比率完全相等，这就是十二平均律。在发明十二平均律的过程中，朱载堉找到了等比数列的计算方法和不同进位小数的换算方法；他还最早运用珠算进行开方计算，提出了一套珠算开方口诀。

可惜的是，朱载堉的方法在中国并未得到多少人响应。半个世纪后欧洲人发明了相似的理论，并率先在理论和实践上普遍接受了十二平均律。

17

律管是怎么制作出来的？

律管简称律，是以管的发音来调校音高的标准器。对于音乐来说，确定标准音高之后就要制作出相应的标准器。古人用弦乐器计算音高，但由于琴弦很容易受到环境温度和湿度变化的影响，导致声音失准，因此发音稳定的管乐器便成了最常用的标准器。

律管的一端为吹口，另一端为开口，中间无音孔，从吹口向内吹气便发出声音。律管一套通常由 12 根管组成，一管一音。制作材料包括竹、铜、玉等。《吕氏春秋》将律管的发明归功于黄帝时代的伶伦，但这只是个传说。

管乐器在吹奏时通过管内空气柱的振动发声，振动频率取决于空气柱的长短。但麻烦的是，开口管乐器有个特点，管中振动的空气柱的有效长度略大于管长。这就造成了一个技术难点：如果简单地像弦乐器那样按严格的数学比例安排律管的长度，吹出的声音就会失准。因此必须做出相应调整，这叫作"管口校正"。

管口校正的方法主要有两种：改变律管长度和改变律管内径。两种方法古人都有尝试。西晋的荀勖采用前一种方法，创制了竖吹六孔笛，计算出了完全正确的管口校正数值。与荀勖几乎同时代的孟康可能是第一个想出后一种方法的人，他给出了律管长度与内径的具体比例，但在当时影响不大。直到北宋才有胡瑗与阮逸再次用孟康的方法进行管口校正。

此后，明代的朱载堉在发明十二平均律的同时，还专门制造了"倍律""正律"和"半律"3 组共 36 根律管。这些管的长度与平均律弦长一致，而内径则以 $\sqrt[24]{2}$ 的公比依次缩小。

 18

古人真能"身高八尺"？

许多古代文学作品形容一个人身材魁梧的时候都喜欢说"身高八尺"。比如《水浒传》中鲁智深、武松都是身高八尺，卢俊义则身高九尺。如果用现在的尺子衡量，八尺足有两米多高，九尺则是三米。难道古人比现在的人高很多吗？其实从古至今，一尺的长度是不断变化的，而且同一时期官方和民间标准也不太一样，总的来说是越来越长。

尺这个长度单位可能在夏代就已经出现。商代一尺的长度相当于现在的 16 至 17 厘米，这大概是一个成年男子大拇指和食指张开后的距离（现在叫作"一拃"）。十尺为一丈，即 160 至 170 厘米，约为当时成年男子的平均身高。到了春秋战国时期，一尺的长度略有增加，约为 23.1 厘米。这个长度一直延续到汉代。"身高八尺"的概念就产生于这个时期，换算下来约为 1.85 米。

西晋时期日常用尺约长 24.2 厘米。在南北朝时期的北朝，尺的长度继续增大，到了后期已经增长到约 30 厘米。此后唐代一尺约为 29.5 至 31 厘米，宋代一尺约为 31.4 厘米。元代一尺达到 34 厘米以上，而明代官方常用的营造尺约为 32 厘米，这一长度延续到了清代。清代民间用的裁衣尺长度则达到 35 厘米以上。

清末西方的米制传入，很长一段时间里与中国传统长度单位并用。直到 1928 年，南京国民政府颁布《中华民国权度标准方案》，以米制为标准，将一米称为一"公尺"，而民间使用的"市尺"长度定为三分之一公尺，即 33.3 厘米。这一标准沿用至今。

19

什么是"新莽嘉量"？

新莽嘉量是公元9年王莽立号为
新朝时制造的标准器。王莽执政后曾
征集通晓天文乐律的学者百余人，在
著名律历学家刘歆主持下，完成了中
国历史上规模最大的一次度量衡改
革，并制作了一批度量衡标准器，新
莽嘉量便是其中最为著名的一件。

新莽嘉量拓本

新莽嘉量为青铜制作，集合了
龠、合、升、斗、斛五个容积单位。
龠的大小为1200粒黍，两龠为一合，十合为一升，十升为一斗，十斗为一斛。
嘉量的主体是一个中空的大圆柱体，内壁为方形，又分隔为上下两部分。上部
为斛，下部为斗；大圆柱体左右各连接着一个小圆柱体，左侧为升，右侧的小
圆柱体也分隔为上下两部分，上部为合，下部为龠。器外刻有王莽统一度量衡
的诏文，每一个单件量器上也刻有铭文，分别详细说明该量器的径、深、底面
积尺寸和容积。

此外，嘉量在制作时要求重量必须为二钧，这样凭借这一个标准器便可得
到当时的长度、容量与衡重三个单位量值。由于新莽嘉量外圆内方，根据铭文，
还可以推算出当时所用圆周率值为3.1547。南北朝时的祖冲之曾经考校过新莽
嘉量上的铭文，并指出刘歆在圆周率计算上的不精确之处。

新莽嘉量设计巧妙，制作精湛，现存实物收藏于台北故宫博物院。根据对
其的精确测量，算得当时的一尺相当于今天的23.1厘米，一升相当于今天的
200毫升，一斤相当于今天的226.7克。

20

怎样用新莽铜卡尺进行测量?

新莽铜卡尺

新莽铜卡尺为王莽新朝制造的铜卡尺,是现代卡尺的先驱。现存世三件,分别收藏在国家博物馆、北京艺术博物馆与扬州博物馆。其中扬州博物馆所藏卡尺上铸有"始建国元年正月癸酉朔日制"字样。

新莽铜卡尺长约 14 厘米,分固定尺与活动尺两部分,固定尺的中间开有导槽,活动尺上装有导销,两尺嵌合在一起,活动尺可以循导槽左右游动。固定尺上刻有 40 个间距为 1 分的刻度,活动尺上刻有 5 个间距为 1 寸的刻度。两尺的左端都有 L 型卡爪,两卡爪并拢时尺上的刻度基本对齐,尺的右端也平齐。

新莽铜卡尺的作用是测量那些难以用直尺精确测量的器物,如板的厚度,圆柱形和球形物体的外径或容器内径,以及槽的深度。测量厚度和外径的方法是将活动尺拉开,将器物夹在卡尺的两个卡脚之间;测量内径时用两个卡脚分别抵住容器内缘两侧;测量槽深时则用固定尺的右端作为基准,将活动尺右端深入槽内,抵住槽底。

新莽铜卡尺为世界上最早的滑动卡尺,且由于其外形酷似今天常用的游标卡尺而引人注目。但游标卡尺最关键的差分测微功能是新莽铜卡尺所不具备的,差分测微功能可以将测量精度提高一个数量级,一般认为这种构造是由法国人维尼尔·皮尔于 1631 年发明的。即便如此,新莽铜卡尺仍是古代测量技术的一项创新。

21

为什么说"不以规矩，不能成方圆"？

如今我们常用"不以规矩，不能成方圆"比喻做事要遵循一定的法则。这句话出自《孟子·离娄上》，其中的"规矩"指的是圆规和矩尺两件测量和绘图工具。

规和矩的发明，无论对几何学的进步还是对人们的生产生活，无疑都会起到重要作用。它们在中国出现的时间可能远早于孟子生活的战国时期。在六七千年前的西安半坡遗址中，出现了很规整的圆形地基，据分析当时的人们可能先用原始的规在地面上画出圆形，随后再施工。不仅如此，在半坡出土的陶器口缘多为圆形，有的十分规则，彩陶上的纹饰也包含很多圆和方的图形，其中一些还相当精确，这也可能是用原始的规和矩绘制而成。

目前最早的关于规和矩形状的资料是山东嘉祥汉武梁祠中的一幅画像石，画中伏羲执矩，女娲执规。其中规的结构具有平行两脚，一脚定心，一脚画圆，有如现代的木梁圆规。矩的结构则和如今木工使用的"角尺"完全一样。古代常用的矩尺两条边的长度并不相等，上面标有刻度。短的一边叫作"勾"，长的一边叫作"股"，这和几何学中的叫法是一样的。

规和矩是常用工具，因此"规矩"一词很容易引申为规范准

嘉祥汉武梁祠画像中的规与矩（下栏）

则的意思。矩还被抽象为几何学中的一个术语，用来表示形状似矩的几何图形。直到今天我们仍然将四个角都是直角的四边形称为矩形。

22

古人是怎么测量距离的？

在测量地形和进行工程建设的时候，最基本的一项工作是测定地面上两点间的距离。

在中国古代，测量距离的工具主要有步弓、丈杆、测绳、步车等等。步弓的形状有点像现在的圆规，有两个固定的脚，上面安装了把柄，两脚之间的距离为一步，使用时操作者手持把柄，分别以其中一脚为基准交替向前进行测量，就像人迈步子一样。丈杆是一种木制的细杆，上面标有刻度，就像特大号的尺子。测量时需要反复使用，将结果相加就是最终距离。在田地的测量中，这两种工具的使用应该非常普遍，在汉语中至今仍然有"丈量土地"的说法。

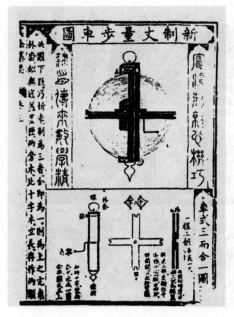

步车

但是，步弓和丈杆毕竟长度有限，如果需要测量的两点之间距离较远，使用起来就不太方便了，如果用这些工具一段段测量，再累加起来，就会产生比较大的误差。于是就出现了测绳，它是将刻度标记在长绳上制作而成。除了用绳子外，也可以在薄薄的竹篾上标记刻度做成测量工具，其形状类似于如今的卷尺，这就是步车。

明代程大位的《算法统宗》（其缩写本为《算法纂要》）详细记载了步车的制造和使用方法，还绘有装配总图和零件图。制造竹尺时要选用竹节平直的嫩竹，竹篾上面要涂油，接头处用铜丝扎住。步车的部件除竹尺外，还有曲尺杆、十字架和尺套。十字架是用来缠绕竹尺的部件，尺套包在竹尺外面，曲尺杆则穿过尺套中心的小孔与十字架连接，它是用来收放竹尺的手柄。

 23

古人是怎么进行水准测量的？

水准测量即测定地面上两点间的高差，是测量活动的一项最基本内容。传说大禹治水时"左准绳，右规矩"，其中的"准"可能就是一种测定水平的工具。在现实生活中，最常见的呈现水平面的物体恰恰就是水本身，因此人们在小范围测量中便利用水作为基准。在安阳殷墟遗址中就发现了可能用来储水定水平的沟渠。到了春秋战国时期，直接利用水沟测量的方法被水平仪等水准工具所取代，方法是将水平仪上的水平面用与其平行的视线（或绳索）引申到被测物体上。

水利工程要进行大范围测量，技术上远比修建房屋复杂。水准测量方法在秦汉时期已经广泛使用，至迟在唐代已经完备。根据宋代沈括《梦溪笔谈》记载，当时使用的工具包括水平、望尺和干尺，它们分别相当于今天的水准仪、觇板和水准尺，其方法也与今天类似。在需要测量的两点各立一个水准尺，将水准仪放置在两点之间，根据两尺读数的差值确定高差。

在测量中如果两点距离较远或高差较大，就需要多次安置仪器分

宋代《武经总要》中的水准仪

段测量。清代的《修防琐志》对此做了详细介绍：在测量出第一点和第二点的高差之后，移动水准仪，并将第一点的水准尺移至第三点，而第二点的水准尺保持不动，待测量出第二点和第三点的高差之后再重复这一步骤，直至测至终点。这与现代的方法完全相同。

元代开凿京杭运河时，由时任都水监郭守敬主持了大范围的大地测量活动，并创造性地以海平面为基准进行水准测量，这是中国人对"海拔"概念的初步认知。

《物理小识》是一部怎样的书？

《物理小识》是一部百科全书式著作，作者为明末清初的方以智。该书原附于方以智的另一著作《通雅》之后，后由其次子方中通、学生揭暄等加注重编，使其单独成书。

方以智

《物理小识》书名中的"物理"指的是世界上一切事物之理，与今天的物理学含义不同。全书共分为十二卷，十五类，依次为天类、历类、风雷雨旸类、地类、占候类、人身类、医药类、饮食类、衣服类、金石类、器用类、草木类、鸟兽类、鬼神方术类、异事类。这些内容涵盖了今天的天文、地理、物理、化学、生物、医药、农学、工艺、哲学、艺术等学科。

在卷首中，方以智提出了"通几"和"质测"两个概念。通几是以事物运动的缘由和征兆为研究对象，而质测指的是探讨事物运动规律。

《物理小识》中探讨的物理问题很多，包括光的色散、反射和折射，声音的发生、传播、反射、共鸣、隔音效应，比重和磁效应等。其中，对于光和声的波动性，方以智提出了一种朴素的光波动学说。他认为，光在传播过程中，总要向阴影范围内侵入，导致有光区扩大，而阴影区缩小。这就是"光肥影瘦"。根据这一原理，他批驳了西方传教士提出的太阳直径约为日地距离三分之一的看法。后来，方以智的学生揭暄在注解此书时，又提出了形象信息弥散分布于所有空间的学说。

《物理小识》在 17 世纪晚期传入日本，曾对日本学者把英文 Physics 翻译为"物理学"产生过影响。

25

古人是怎么认识和利用反射镜成像的？

反射镜成像是常见的物理现象，可以细分为平面镜成像、凸面镜成像和凹面镜成像。

平静的水面可以照出物体的像，这也许是古人对反射镜成像的最早认知。后来人们发现，不仅水面，其他具有光滑表面的物体都能照出像，于是人们将金属的表面打磨光滑制成镜子。铜镜在商代就已产生，除了平面铜镜之外，人们发现凸面镜和凹面镜具有某种特殊的性能，因此演变为专门的镜种。

最早记载反射镜成像规律的是《墨经》，作者认为平面镜所成的是单一的、与物体相对于镜面对称的像。当物体移动时，像也随之移动。

阳燧

而凹面镜成像有三种情况，将物体置于二倍焦距内则得到正立的像，且距离二倍焦距近的像较大；当物体位于二倍焦距外时得到倒立的像，距离二倍焦距近的像同样较大；如果物体正好位于二倍焦距处，则得到大小相等而方向相反的像。凸面镜则只有一种正立、缩小的像。

宋代的沈括正确解释了凹面镜成倒像的原理，并发现当物体位于焦距处时不成像。对于凸面镜曲率与成像的关系，他认为曲率越小则像越大，当曲率为零（即平面镜）时像与物体大小相等。因此在制作铜镜时，如果镜子较小，就应该做成微凸的形状，从而将人像全部纳入镜子中。现存的古代铜镜绝大部分都是这种微凸的形状。

凹面镜除了用作镜子之外，在古代还被广泛用于取火，称为"阳燧"，早在周代就已得到应用。

26

古人是怎么认识小孔成像问题的？

小孔成像是一种重要的光学现象，古代中国人对其做过透彻研究。

《墨经》是中国历史上最早记载小孔成像实验的著作。实验的方法是：设置一间暗室，在朝阳的墙壁上开一小孔，一人对着小孔站在外面，暗室内对面的墙壁上就会出现倒立的人影。《墨经》对此的解释是：光是沿直线传播的，这样入射光线在小孔处形成交叉，从下边射入的光线进入暗室以后到了上边，从上边射入的光线则到了下边，因此就在暗室中生成了倒像。

但此后由于墨学的衰微，中国人对小

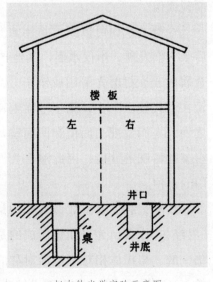

赵友钦光学实验示意图

孔成像的认识在很长时间里停滞不前。直到元代的赵友钦才进一步对此问题进行了考察。他发现，尽管墙上的小孔形状不尽相同，但经日月照射之后，室内出现的像却都和日月的形状一样，当发生日食的时候像也是残缺的。而且孔的大小不同也不影响像的大小，只会影响像的亮度。

为了探究小孔成像的奥妙，赵友钦以一幢二层楼房为实验室做了一场大型实验。他在室内挖井，将点燃的蜡烛放入井内作为光源，井口用中心开孔的板覆盖住，用楼板和悬吊的大木板作为像屏。赵友钦先后试验了不同形状大小的孔、不同亮度、不同像距、不同物距等条件，对它们的成像效果进行了比较，仔细探讨了成像过程中各因素的作用。他还从理论上对实验现象做了解说，其基本点是像素的叠加和光的直线传播。

 27

"景符"是做什么用的?

景符是一种利用小孔成像原理制作的观测仪器，用来提高立表测影的精度，它是由元代科学家郭守敬发明的。

中国古代普遍使用立表测影的方法确定节气，尤其是冬夏两至的时刻。使用立表测影时，理论上表越高则观测精度也随之提高。元代以前，表的高度一般是 8 尺。为了提高精度，郭守敬首创了高达 40 尺的高表。其中表身高36 尺，表顶上还有两条龙，抬着一根直径为 3 寸的横梁。

但是这样一来，又出现了另一个问题：由于空气分子和尘埃对太阳光的漫射作用，高表影子的最上端会变得模糊不清。如今我们观察高楼的影子也会发现，影子最上端并不是一条

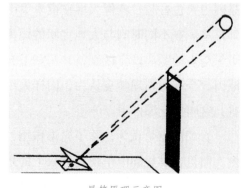

景符原理示意图

明暗清晰的线，而是一个模糊的范围。特别是在冬至观测时，由于此时表影长度为一年中最长，影端模糊的现象最为明显。这会显著降低高表的观测精度。

景符的主体是一个薄的铜片，铜片中央开一个小孔。再将铜片安放在可以调节角度的斜架子上。在高表测影时，将景符在高表的影端前后移动，如果太阳、横梁和小孔三者正好位于一条直线上，根据小孔成像原理，就会在地面上看到一个只有米粒大小的光斑，光斑中间还有一条清晰的横线，这就是横梁的影子在地面上的确切位置。

景符的使用巧妙地解决了太阳光漫射导致的影虚问题。不仅如此，在直接观测时，所得的影长实际上是太阳上边缘的影长，而使用景符之后所得的则是太阳中心的影长，这进一步提高了高表测影的精度。

古人怎样解释"两小儿辩日"？

"两小儿辩日"是中国古代一个著名的故事，孔子东游时遇到两个小孩在争辩，一个认为早晨太阳离人近一些，中午的时候远一些，因为早晨太阳像车盖一样大，到了中午却像个盘子，这是近大远小造成的。另一个小孩观点相反，因为中午比早晨天气热，这是近热远凉造成的。孔子也不能判断谁对谁错。

对于这个问题，东汉的王充支持中午太阳更近。日出时太阳看上去较大，是因为天色昏暗，就像火堆在夜晚发出的火光看上去比白天更大。浑天说主张日月星辰在不同时刻与大地之间的距离是一样的。张衡就认为，太阳在早晨和中午与人的距离没有区别，并用和王充一样的理由解释了日出时太阳比较大的原因。今天的物理学也认为，同样大小的物体，亮度大的看上去体积也会大一些，这叫作光渗作用。

晋朝的束皙认为，除了光渗作用，旁视与仰视也有不同，旁视时天体在一侧。而且，早晨和中午视觉背景上的景物陪衬也不一样。这两点也是造成早晨太阳看上去较大的原因。今天物理学对此现象的解释基本上也是这三点。

以上这些都是理论探讨，后秦的姜岌通过仪器观测，证明太阳在早晨和中午的角距离其实并未发生变化。他还认为，早晨太阳发红，中午太阳发白是因为"地有游气以厌日光"。今天我们知道，清晨太阳光通过的大气层比中午要厚，受到的散射作用更强，能够到达地面的主要是波长更长的红光和橙光。

29

古人怎么解释海市蜃楼？

海市蜃楼，是一种大气光学现象。当光线穿过不同密度的空气层时，如果发生显著折射或全反射，就会把远处的景物映显在空中、海面或地面上形成虚像。海市蜃楼多出现在沿海地区，我国各地均有发生，尤其以山东蓬莱附近的海域最为常见。对这种奇异景象，古人自先秦时期就有记载。至于海市蜃楼是如何形成的，古人的解释主要可分为五种。

第一种是"蛟蜃吐气说"。这里的蛟指传说中的蛟龙，蜃则是海中一种蚌蛤。这种说法在汉晋时期的书籍中常可见到，是古代的传统观念，信奉者很多，"海市蜃楼"这一名称本身就源自此说。但是人们经过长期观察与研究，逐渐对这种说法产生了怀疑。第二种是"风气凝结说"。此说认为海市蜃楼是自然的风和海上的气凝结而成。第三种是"沉物再现说"。此说依据桑田变海理论，认为由于岁月变迁，某些城池、物体沉沦于地下或海中，一旦遇到合适的条件，它们还会在原地显现出旧时的风貌。

另外两种说法已经将海市蜃楼与光的作用联系起来。明代的陆容提出了"光气映射说"，主张海市蜃楼是大气与日光映射所致。还有一种"水气映照说"，明末的方以智、张瑶星、揭暄、方中通等人都持类似的观点。例如揭暄就认为，地上人物，空中无时不有，其形象信息遍布于空中。水气与水性能一样，因此也能照出物来。被水气照出的物，就是海市蜃楼。这一理论在五种解释中最接近于近代科学的认识。

30

古人是怎么认识和利用杠杆原理的？

　　杠杆原理是最简单的一项物理学定理。远古时代的人应该就已经开始利用杠杆了。但木质的杠杆无法长期保存，难以留存到今天。到了春秋战国时期，利用杠杆原理制作的衡器已得到了普遍使用。《墨经》分析了杠杆的平衡问题：假设杠杆中间有一个支点，一头悬挂砝码，另一头悬挂重物，如果两边平衡，则杠杆一定是水平的。如果增加重物，这一边就会下垂，这时要让杠杆恢复平衡，就应当将支点向重物一边移动，缩短这一边的力臂，同时加长砝码一边的力臂。虽然《墨经》没有提及明确的定量关系，但实际上已经有了力矩的概念。

　　古人运用杠杆原理制作的衡器又可分为等臂杠杆和不等臂杠杆两种，前者为天平，后者就是常见的杆秤，它所利用的原理为：杠杆平衡时两边长度和重量的乘积应彼此相等，若一边在长度不变的前提下变更重量，则另一边就需要在重量不变的前提下变更长度。到了南北朝时期，杆秤的构造已经基本定型。

　　杠杆原理在古代的另一项应用是桔槔，这是一种灌溉或扬水用的机械。其构造是将一根横杆在中间架起或悬吊起来，一端用另一根直杆系住汲水的桶，另一端绑上重物。汲水时，用力向下拽直杆，使得桶内充满水，此时另一端的重物已经被提到高处。当向上提拉装满水的桶时，因另一端重物下压，不需要

《天工开物》中的桔槔

太大力量就可以将桶提起，从而起到省力的作用。这种桔槔至今仍在一些地区使用。

 31

古人是怎么利用虹吸现象的？

虹吸是指在液体表面上气体压力的作用下，液体通过高于进口液面的管道而流向低处的现象。古代的中国人很早就认识到虹吸现象的存在，并应用虹吸原理制造虹吸管。

根据范晔在《后汉书》中的记载，东汉时有个叫毕岚的能工巧匠，制造了许多灵巧的机械，其中一种名为"渴乌"，是一种用来隔山取水的虹吸管。唐代的杜佑在《通典》里对它的制作和使用方法做了解释。渴乌是用凿通的大竹筒一个个拼接而成，为了保证接合处的密闭性，还要用麻缠裹，再涂上油漆，或用油灰黄蜡镶嵌涂抹。使用时将渴乌前端插入水源的水面以下五尺，再在出口端塞上细松枝、干草等易燃物点燃，这样筒中的氧气迅速耗尽，筒内空气压力低于外界大气压，水就吸上来了。这种装置在古代沿用很久，清代时民间称其为"过山龙"。

虹吸管也用在酿酒业中，称作"酒吸"，用来将酒缸中的酒灌入一个个酒坛中。此外古人还利用虹吸原理发明了一种叫作"公道杯"的酒杯，具体发明年代难以考证。在公道杯中央立有一老人或龙头，其体内有一倒 U 形空心瓷管，一端开口在杯子内部，另一端开口在杯底。向杯内倒酒时，一部分酒会通过杯子内部的开口进入倒 U 形管。若水位低于倒 U 形管上端，酒并不会漏出；当水位超过倒 U 形管上端时，酒就会进入倒 U 形管另一边。在虹吸作用下，杯中酒会不断顺着倒 U 形管从杯底流出，直至吸光。

32

古人是怎么认识和利用共鸣现象的？

共鸣是物体因共振而发声的现象，发生共鸣的两个物体之间的固有频率相同，或成简单整数比。

在演奏乐器时很容易遇到共鸣，古人最早正是从乐器中认识到共鸣现象的存在。战国时期的《庄子·徐无鬼》中就记载了调瑟时发生的共鸣现象。在弹奏宫、角等基音时，屋内其他的瑟相应的弦都会发生震动，这是基音之间的共鸣；如果调弦发出的声音与五音都不相当，则瑟上二十五根弦全都跟着动，这是基音与泛音之间的共鸣。

对于共鸣现象的成因，西汉的董仲舒认为具有相同性质的物体会相互感应。晋代的张华将共鸣现象的范围推广到乐器以外的领域。据说当时有一座大殿前有一口大钟，有一天突然无故作响，人们非常惊讶，张华却说这是蜀郡的铜山崩塌造成的，不久果然收到蜀郡的上报。有一个铜盆每逢早晚都会鸣响，张华认为这是宫中早晚撞钟所致，还提出了解决方案：可以用锉将铜盆锉掉一些，铜盆便不再鸣响。这是通过改变固有频率来消除共鸣。据说唐代开元年间朝廷中掌管音乐的太乐令曹绍夔应用过同样的方法，他的一位僧人朋友因房内的磬经常自鸣而忧惧生病，曹绍夔将磬锉掉几处，磬不再自鸣，僧人也痊愈了。

宋代的沈括设计了一种巧妙的实验方法，将小纸人固定在琴弦上，当拨动一根琴弦时，发生共鸣的琴弦上的纸人会跟着跳动。他发现，音高相差八度的基音和泛音之间可以发生共鸣。

33

古人都有哪些取火方法？

火的使用是人类文明的重要基础。人们最早获取的火种来自自然界，比如雷击引起的火灾，再想办法维持火种不灭。在北京猿人居住的洞穴中，就发现了厚达几米的灰烬层。

最早的人工取火的方法是钻木取火，也就是利用木头摩擦生热的现象。钻木取火有一定的技巧，明代方以智的《物理小识》记载，取火时可以用易燃的干竹，把干竹剖成两个竹瓦，在其中一个竹瓦内部放上纸灰，也就是纸张初步燃烧之后的灰片，其中含有一定的碳。再用另一个竹瓦盖在上面。在竹瓦上凿孔，用竹刀在孔上反复摩擦，温度很高的竹屑就会从空中落下，掉到纸灰上。纸灰的燃点低，又不易传热，当竹屑堆积到一定程度时就会引燃纸灰。

方以智还提到了另一种取火的方法。用铁制的火镰敲击坚硬的燧石，生成的火星落到易燃的物体上即可取火。这种方法非常简便，在铁器出现后成为一种常用的取火方法。

古人还发现，可以用凸透镜对日聚焦来取火。但是，由于缺少玻璃透镜，这种方法最初使用不广。直到唐代，质量较好的凸透镜才从国外陆续传来。古人还想到，可以用透明性能比较好的冰制作凸透镜。汉代的《淮南万毕术》就有用冰透镜取火的记载。此外，古人还想到，可以用凹面镜的反射聚焦原理取火。

在取火的过程中，古人很重视引火的材料，比如易燃的艾绒和纸煤。还可以用小木片沾上一段熔融状的硫黄，制成"发烛"。由于硫黄的燃点低，一遇到明火就开始燃烧，且不易熄灭，用它来引火非常方便。

34

天坛有哪些声学现象？

位于北京正阳门外的天坛是明清两代帝王祭天的地方。除了宏伟的建筑外观，天坛还因其独特的声学现象而闻名于世。

回音壁是皇穹宇的围墙，高 3.72 米，周长 193.2 米。围墙的弧度十分规则，墙面极其光滑整齐，是非常好的声波反射体。如果有两个人分别站在东、西配殿后贴墙而立,其中一个向北说话,声波就会沿着墙壁连续反射前进,传到另一个人的耳朵里。声音在反射过程中衰减很小,因此对方可以听得清清楚楚。

在皇穹宇殿前的甬道上的第一、二、三块石板分别为一音石、二音石、三音石。站在一音石上击掌,可以听到一次回声;站在二音石和三音石上击掌,则分别可以听到两次和三次回声。三音石位于回音壁的中心,在这里发出的声波遇到回音壁会反射回中心,穿过中心后又遇到回音壁,会再次反射回来。在这里击掌听到的第一个回声来自东西配殿的反射,后两个回声则是由回音壁反射得到的。

回音壁

皇穹宇南边的圜丘台是三层圆形露天的祭坛,顶层中心略高,台面四周有汉白玉栏杆。站在顶层中心的"天心石"上说话,声波经过台面和栏杆反射后会再回到中心,因此说话的人会觉得声音比平时响亮。

此外,1994年人们又发现皇穹宇殿前甬道第18块石板和东配殿东北角、西配殿西北角之间虽然被配殿挡着看不到,却可以互相通话,被称为"对话石"。也许天坛还存在更多奇妙的声学现象,等待着人们去发现。

古代戏楼怎样利用混响?

声波遇到障碍物反射回来会形成回声。在室内,当声源停止发声后,声波会被墙壁、天花板、地板多次反射和吸收,最后才消失,让人感觉到声音又延续了一段时间,这种现象叫作混响。

南北朝时期周兴嗣的《千字文》中就有"空谷传声,虚堂习听"的描述,表明那时候人们已经将空谷的回声与建筑的混响视作一回事。古人为了使厅堂内或广场上的声音传播得更远,就发明了一些增加混响的方法。

比如,古琴的声音低微,宋代的赵希鹄认为,最好的琴室是在二层小楼的下面,或是在岩洞石室及高大林木之中,这些地方声音的反射条件较好,可以增加混响,这样琴声就显得透彻。反之,如果在高堂大厦、小阁密室、园囿亭榭之类的地方弹琴,就不利于产生混响。

在舞台下埋设陶瓮,是古人改善戏楼声音效果的常用方法。明代的屠隆认为,在平屋之内,可以在地下埋一个大缸,缸中放置铜钟,上铺盖板。这种方法流传已久,在一些留存至今的古代戏台和戏楼中,舞台下几乎都埋有陶瓮。直到 20 世纪,一些传统形式的戏院和戏楼仍然按此法设计建造。

此外,古代的钟楼,为了让钟声透彻,会在挂钟下面挖一个洞穴,作为共鸣腔。据宋代王明清的《挥麈录》记载,宋孝宗赵眘年幼的时候,有一次到秀州城外的真如寺玩耍。钟楼内的共鸣腔上有席子盖着,结果赵眘误踩到席子上,跌了进去。

喷水鱼洗是怎么喷水的?

喷水鱼洗是古代一种形状像脸盆的特制铜盆,盆的上沿两侧有一对提耳,盆内底部刻有四条鱼。也有的刻有四条龙，称为"龙洗"。乍一看上去它并没有特别之处，但如果倒入半盆以上的水，再将其放置在铺有软质材料的桌面上，用双手同时摩擦双耳，鱼洗便会发出嗡嗡声，鱼洗内水面还会出现不同形状的波纹。如果摩擦得法，甚至会激起两尺高的浪花。

在宋代的文献中已经出现了一些关于喷水鱼洗的记载，但它最早出现在何时还不能确定。这种器皿能够喷水的原因，在于人手摩擦双耳引起的一种垂直于盆内水平面的振动。在反复摩擦的过程中，使双耳总是处在振动波节的位置，而双耳又相对于鱼洗呈中心对称，导致摩擦引起的振动只能是偶数节线（如4、6、8节线）振动。鱼洗周壁的振动会引发洗内的水发生谐和振动，并与盆壁反射回来的反射波叠加。洗的振动波腹正好位于四条鱼的口沟处，因此水在这里振动最为强烈，甚至喷起浪花；而在振动波节处的水则不发生振动，浪花会停止在波节线上，水面气泡即水珠也在这里停住。这样便形成了有规律的波纹和浪花。

喷水鱼洗是一种集科学与艺术于一体的发明。古人在制作鱼洗时已经掌握了圆柱形壳体基频振动的波节与波腹位置，从而有意识地将鱼口对准4节线振动的波腹位置。此外，鱼洗内水量的多少也会影响到波纹和浪花的数量。还可以用干燥的细沙代替水，获得更好的观察效果。

古人怎样测量空气湿度？

今天，我们如果想知道空气湿度，可以用湿度计。在古代，人们就摸索出一些方法来测量空气湿度。

古人注意到，某些物质的重量会随着空气湿度的变化而变化，利用这一原理，就可以制造出简单的验湿器。汉代的《淮南子》记载，当时的人们把易吸水的木炭、草木灰放在天平的一端，另一端则放置羽毛之类不易吸水的物体。先将天平调整至平衡，当空气湿度增加时，木炭吸水增重下沉，这样就可以通过天平的平衡状况来了解空气湿度了。根据《后汉书·律历志》的记载，每当冬、夏至前后，皇帝都要用验湿器测量湿度。

此外还可以通过琴弦来了解空气湿度的变化，因为琴弦在不同的空气湿度下张弛程度会不同，王充在《论衡》中就写道，当天要下雨时，琴弦会变得松弛。

以上这两种方法都无法对湿度进行精确量度。真正意义上的湿度计是清代来华的传教士南怀仁首次介绍到中国的。南怀仁用一根上端固定的鹿筋，下端悬挂适当的重物。在鹿筋上再固定一个指针，当鹿筋吸湿以后，指针就会发生扭转。吸湿程度不同，扭转的角度也不同，再通过一个刻度盘把指针扭转的角度读出来。

在南怀仁之后，也有中国人尝试制作类似的湿度计。张潮的《虞初新志》记载，有一个叫黄履庄的人制作了一种"验燥湿器"，装有一个可以左右旋转的指针，空气干燥时左转，湿润时右转。可惜它的结构与原理没能够记录下来。

"七月流火"指天气很热吗?

如今偶尔会听到有人用"七月流火"来形容夏天炎热的天气,其实这是一种望文生义的误用。

这个成语出自《诗经·豳风·七月》中的"七月流火,九月授衣"。其中的"七月"指的是夏历的七月,相当于现在的九月;"流"的意思是移动、落下;"火"并不是火热的意思,而是指"大火"星,也就是现在所说的天蝎座 α 星"心宿二"。这句话的原意是:在七月大火星会从中天落下,到了九月则要把裁制寒衣的工作交给妇女去做。

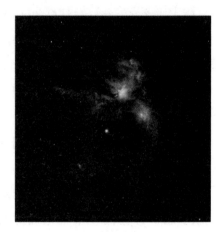

大火星

心宿二是全天第十五亮星,也是全天最孤独的一等星。古代中国人很早就发现,可以通过对天上几颗亮星进行观测来确定季节和制定历法。心宿二周围没有其他亮星,非常适合观测,便成为了其中之一。根据现在的天文学家推算,大约在公元前 2400 年前后,每年春分太阳落山的时候,心宿二正好从东方地平线上升起来。此后随着白天逐渐增长,黄昏时心宿二的位置越来越高,过了两三个月,日落后不久心宿二就会闪烁在正南方的夜空中。此后心宿二继续向西移动,到了秋分左右就看不到了,等到第二年春分再次从东方出现。

从这里可以知道，所谓"七月流火"，指的并不是天气炎热，而是到了夏历七月，随着大火星逐渐西移，夏天就要过去，天气逐渐转凉。

古人所说的"客星"指的是什么?

所谓客星，指某段时间突然出现在夜空中的某个天区内的天体，此后经数天、数月乃至数年逐渐消失。就仿佛天空中出现了一位不速之客。客星与彗星的区别主要在于它不移动，而且没有彗尾。按照现代天文学的标准，古书中记录的客星，大部分是新星和超新星，也有一些可能是无尾且移动缓慢的彗星被误认为客星。

中国古代对客星的记录始于商代的甲骨文，此类记录从汉代开始增多。据统计从

金牛座蟹状星云

商代到清末古籍中留下的客星记录达到 80 至 100 项。这些记录一般都标明客星出现的时间及位置，有时还对光色等物理特征进行描述，其中至少有 10 个左右可以断定是超新星爆发。所谓超新星爆发，是某些恒星在演化接近末期时经历的一种剧烈爆炸。

这些记录中最有名的是北宋至和元年（1054）天关客星的爆发。据当时负责观测天象的司天监记载，该星光芒四射，颜色赤白，亮度和金星相仿，甚至在白天也能看见。这种状况持续长达 23 天，此后客星逐渐变暗，过了 641 天才彻底隐没不见。中国对于这次超新星爆发的记录是全世界最完整和精细的。

有意思的是，到了 1920 年代，美国天文学家哈勃等人指出，目前天空中在这一位置上的金牛座蟹状星云正是这次天关客星爆发的遗迹。此后人们又试图从中国古代的客星记录中去寻找客星与现存射电源之间的联系，共发现了 7

颗具有这种关系的客星，这是中国古代天文观测对现代天文学的贡献。

什么是三垣、四象、二十八宿？

在中国古代，为了认识满天星辰和观测天象，人们把天上杂乱无章的恒星分成不同的组，并用日常所见的事物来加以命名。这样的恒星组合称作"星官"，它类似于西方的星座。各个星官所包含的星数多寡不等，少的只有一颗，多的有几十颗，它们所占的天区范围也各不相同。

"三垣"指紫微垣、太微垣和天市垣，范围较大，每垣都包含若干个星官。紫微垣是三垣的中垣，包括北天极附近的天区，大致相当于拱极星区；太微垣位于紫微垣之下的东北方，包括室女、后发、狮子等星座的一部分；天市垣在紫微垣之下的东南方向，包括蛇夫、武仙、巨蛇、天鹰等星座的一部分。

绘有二十八宿的战国漆箱

"二十八宿"是黄道带上的二十八个星官，是用来描述太阳运动的参照系统，类似于西方的黄道十二宫。东南西北四个方向各有七宿，古人将它们想象成四种动物，叫作"四象"，分别是东方的青龙、西方的白虎、南方的朱雀和北方的玄武。下面是二十八宿的具体名称：

东方七宿：角、亢、氐、房、心、尾、箕

北方七宿：斗、牛、女、虚、危、室、壁

西方七宿：奎、娄、胃、昴、毕、觜、参

南方七宿：井、鬼、柳、星、张、翼、轸

此外还有一些与它们关系密切的星官，称为辅官或辅座，如坟墓、离宫、附耳、伐、钺、积尸、右辖、左辖、长沙、神宫等，分别附属于房、危、室、毕、参、井、鬼、轸、尾等宿内。唐代的二十八宿包括辅官在内总共有 183 颗星。

古人是怎么认识五大行星的？

夜空中绝大部分星星之间的相对位置都是固定不变的，古人便将其称为恒星。但是有五颗亮度较大的星星却相对于恒星背景存在着明显的移动，因此很早就引起人们的注意，称为行星。春秋战国时代的人们根据五大行星的特性，依次将其称作辰星、太白、荧惑、岁星和镇星。后来人们将五行赋予五大行星，于是就有了水星、金星、火星、木星及土星的名字，并一直沿用至今。

行星的视运动非常复杂，古人用入、出、顺、逆、留，合、伏、守、犯等词汇加以描述。战国时代的人们已经认识到金星和火星的逆行。到西汉初年，司马迁则进一步指出逆行现象在五星中普遍存在。

行星运动存在两种明显的周期：会合周期（与太阳回到同一相对位置）和恒星周期（回到同一恒星位置）。战国时代的人们已经对木星、金星和水星的会合周期进行了观测。在长沙马王堆汉墓中出土的约公元前 170 年的帛书《五

《五星占》

星占》中，记载的金星会合周期只比今测值差半日；汉武帝时的《太初历》最早给出了五大行星的完备会合周期，其误差依次为水星 0.004 日、金星 0.21 日、土星 −0.16 日、火星 0.59 日、木星 −0.16 日。到了隋代的《大业历》中，会合周期误差最大的火星为 0.01055 日，最小的金星只有 0.0002 日，这是明末西方天文知识传入以前最精确的数值。恒星周期方面，春秋战国时代测得木星为 12 年（实际为 11.86 年），并在此基础上建立了岁星纪年法。

5

古人如何用干支记录时间？

干支是中国古代一种重要的符号系统，由甲、乙、丙、丁、戊、己、庚、辛、壬、癸十个天干和子、丑、寅、卯、辰、巳、午、未、申、酉、戌、亥十二个地支组成。如今干支在我们的生活中最常出现的领域是农历中的纪年。其实除了纪年，干支还可以用来纪月、纪日和纪时，这些制度如今仍然存在，只是不太常用。

干支表

1 甲子	2 乙丑	3 丙寅	4 丁卯	5 戊辰	6 己巳	7 庚午	8 辛未	9 壬申	10 癸酉
11 甲戌	12 乙亥	13 丙子	14 丁丑	15 戊寅	16 己卯	17 庚辰	18 辛巳	19 壬午	20 癸未
21 甲申	22 乙酉	23 丙戌	24 丁亥	25 戊子	26 己丑	27 庚寅	28 辛卯	29 壬辰	30 癸巳
31 甲午	32 乙未	33 丙申	34 丁酉	35 戊戌	36 己亥	37 庚子	38 辛丑	39 壬寅	40 癸卯
41 甲辰	42 乙巳	43 丙午	44 丁未	45 戊申	46 己酉	47 庚戌	48 辛亥	49 壬子	50 癸丑
51 甲寅	52 乙卯	53 丙辰	54 丁巳	55 戊午	56 己未	57 庚申	58 辛酉	59 壬戌	60 癸亥

根据殷墟出土的甲骨文判断，干支纪日法最晚在公元前 13 世纪的商代后期就已出现。它也是以六十为一个周期，叫作"一周"，十个天干每循环一次叫作"一旬"。干支纪日法是世界上使用时间最长的纪日制度，最晚从《春秋》记载的鲁隐公三年二月乙巳朔日食这一天开始，每一天对应的干支就完全确定下来了，此后直到今天从未中断或错乱过。

最晚在春秋时代，人们已经开始用干支来纪月，以冬至所在的月份为子月，十二地支依次排列。用天干和地支一同纪月的制度则出现得比较晚。用干支纪时就是把一天分为十二个时辰，用地支来表示，子时相当于现在小时制的晚十一时至凌晨一时，这种制度最迟在汉初就已经出现，到了唐代又配上了天干。

相比之下，干支纪年的确立反而比以上这些都要晚，在古代曾先后使用过岁星纪年法和太岁纪年法，二者分别采用木星和假想天体"太岁"的运行周期来纪年，以十二年为一个周期，但十二年太短，因此便逐渐过渡到六十年为一个周期。至东汉颁行四分历，干支纪年法的地位才最终确立，并一直沿用至今。

6

农历是阴历吗？

如今人们经常将世界通用的公历称作"阳历"，而将中国传统的农历称作"阴历"，其实这种说法是不准确的。

对于任何一种历法来说，其主要概念无外乎三个：日、月、年。年是地球绕太阳运转一周的时间，而月的长度则涉及人们在地球上观测到的月亮的圆缺变化。以月和年这两个概念为标准，人们通常使用的历法主要有三大类。

第一类是阳历，它以地球绕太阳运转周期为基础。现在全世界通行的公历（格里高利历）就是典型的阳历。在公历中每年的长度为 365 天，而每个月的长度虽然与月亮圆缺变化的周期差不多，实际上却没有对应关系。

第二类是阴历，它按照月亮的圆缺规律设定。月亮圆缺变化的周期（朔望月）大约为 29.5 天，阴历就将每个月的长度设定为 29 天或 30 天，这样算下来一年的长度只有 350 多天。如今阿拉伯国家通行的回历就是阴历。它完全不考虑地球绕日转动的周期，因此阿拉伯人的新年既可以出现在冬季，也可以出现在夏季。

最后一类是阴阳合历，这种历法既要符合月亮的圆缺变化，又要照顾到一年中的四季变化。农历就是一种阴阳合历，它通过设置闰月来弥补阴历在年的长度上与阳历的差异。我国古代的历法编制者们经过推算，制定了"一九年七闰"的置闰规则。

表现农历的这种阴阳结合特点的典型例子是二十四节气，它们与太阳的运动周期相关，某个具体的节气并不与农历中的日期相对应，而总是出现在公历中特定的某几天。

二十四节气是怎么产生的？

二十四节气是农历中表示季节变迁的 24 个特定节令，其制定的依据是地球在黄道上的位置变化，每一个节气大约对应地球在黄道上每运动 15° 所到达的位置。它的形成经过了漫长的历史时期。

成书于战国以前的《尚书·尧典》中出现了两分两至四个节气。到了《管子·轻重》又增加了四立，共八个节气。秦代的《吕氏春秋·十二纪》已发展为二十二个节气（尚无小满与大雪）。到了西汉前期的《淮南子·天文训》，二十四个节气已经确定，并一直沿用下来。

二十四节气的名称可分为两类。第一类是四季名称的派生，包括两分两至和四立。其中夏至和冬至分别对应一年中白昼最长和最短的日子，而春分和秋分则是日夜等长的日子。在《尚书》中它们按时间先后依次叫作"日中、日永、宵中、日短"，在《管子》中则改称为"春至、夏至、秋至、冬至"，到《淮南子》中才确定为现在的名称。四立在《管子》中称为"春始、夏始、秋始、冬始"，《淮南子》中始称为"立春、立夏、立秋、立冬"。

其余十六个节气则是以物候命名。中华文明兴起于黄河流域，这十六个节气名称所反映的正是先民在长期生产实践过程中对黄河流域物候变化的认知。在《吕氏春秋》中它们的名称长短不一，至《淮南子·天文训》中统一改用两个字表述。例如"始雨水"改为"雨水"，"命农勉作"改为"芒种"，"寒气总至"改为"寒露"等等。

什么是物候历?

物候历又称自然历或农事历。是指一个地区经过长期的物候观测，把自然界的植物生长发育和动物哺育、迁徙等在一年中周而复始的现象与节气对应起来，再按照顺序编制出的物候图、表或线。

成书于春秋时期的《夏小正》是中国的第一部物候历，其中记载了鸟、兽、虫、鱼和植物的物候现象共68条，气象现象7条。在《诗经》中也有许多关于物候现象的记载，比如《诗经·豳风·七月》中的名句"五月斯螽动股，六月莎鸡振羽，七月在野，八月在宇，九月在户，十月蟋蟀入我床下"。此后，在《吕氏春秋·十二纪》《淮南子·时则训》《礼记·月令》等书中都出现了按节气安排的物候历。

在中国古代的农书中，有大量关于物候的内容。比如汉代的《四民月令》、元代的《农桑衣食撮要》等书都记载了如何用物候来指导农时。元代的《王祯农书》还有一幅《授时指掌活法之图》，把一年中的四季、十二月、二十四节气和七十二候中的物候现象与农业生产

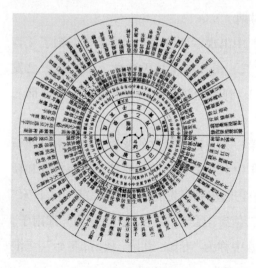

授时指掌活法之图

对应起来，方便查看。

清代的《古今图书集成》中有一套《花历》，将十二个月每月分为六候，排出了七十二种花草树木的物候，不仅介绍开花的时间，还记录了有花植物在生长发育期的特征。太平天国政权颁布的《天历》，将每一年南京的物候记录列在下一年《天历》相应月份的后面，计划满40年后制定一套标准的物候历，但由于太平天国运动失败，没能实现。

除了汉民族之外，其他民族也曾编制物候历。比如，青藏高原上的藏族，就根据当地的物候状况编制了独具特色的物候历。

古人是怎么认识日月食的？

日食和月食是两种引人注目的天象，古人在长期观测的基础上，对日月食做了许多的研究。

早在西周时期，人们就已经发现，日月食发生的时间和月亮的圆缺规律有关。《易·丰卦》称"月盈则食"，意思是月食总是发生在望日，也就是月圆之夜。《诗经·小雅》则称"朔月辛卯，日有食之"，意思是日食发生在朔日，也就是农历某个月的初一。

而且，朔、望只是发生日月食的必要条件。很显然，并不是每到朔、望都会发生日月食，只有当日月都位于距黄白交点的某一距离限度

日食

之内时才有可能发生。这个距离限度叫作食限，在中国，汉末的刘洪首次提出了这个概念。

对于日月食的成因，西汉的刘向已经认识到，日食是由于月亮挡在太阳与大地之间造成的。东汉的张衡又提出，当月亮进入大地的影子——"暗虚"中

时就会出现月食。

今天我们知道，由于地球与月球运动的周期性，每过一段时间，地球、太阳、月亮的相对位置又会与之前基本相同。这样一来，在前一周期内出现的日月食又会重新陆续出现，这叫作"沙罗周期"。每个沙罗周期长度为 6585.32 天，其中约有 43 次日食和 28 次月食。它是由古巴比伦人率先发现的。

在中国古代，人们也做过类似的研究。战国时代的《黄帝历》认为，在 135 个朔望月中要发生 23 次交食。宋代的《统天历》则认为 19 个交点年中有 242 个交点月，这达到了古巴比伦人的精度。

 10

为什么把 15 分钟叫作"一刻"？

"刻"是中国古代的一个时间单位。古代中国人把一昼夜分为十二时辰，一个时辰相当于现在的两小时。但时辰这个单位太大，在需要对时间进行精细计量的情况下，则使用"刻"。"刻"这个单位产生很早，可能在商代就已经出现了。

一开始，古人将一昼夜均分为一百刻，一刻等于现在的 14.4 分钟。由于 100 不是 12 的整数倍，这就造成刻与时辰之间的换算比较复杂。为此，古人尝试过几种解决办法。首先是将刻再分为"小刻"，每刻等于 6 小刻，每小刻等于现在的 2.4 分钟，这样一个时辰就等于 8 刻 2 小刻。

但这样用起来仍然很麻烦，于是就有人尝试将一昼夜由 100 刻改为 12 的整数倍。比如可以将一昼夜改为 120 刻，西安的汉哀帝与篡汉的王莽都曾使用过这种制度，但时间不长就恢复为百刻制。后来南北朝的梁武帝曾先后短暂推行过 96 刻与 108 刻制，但也没有长期实行。

一直到了明末，欧洲传教士带来了西方的天文学知识，由于西方采用时分秒制度，24 小时与十二时辰很容易进行换算，而与百刻制同样不合。但如果将百刻改为 96 刻，就成了 24 的整数倍。在传教士的推动下，人们才又开始采用 96 刻制。从清朝初年开始，96 刻制正式取代百刻制。这样一个时辰就合 8 刻，每刻 15 分钟。我们如今习惯称 15 分钟为"一刻",便是源自这里。

古代都有哪些测影仪器?

通过日影可以测定一些基本的天文数据。最简单的测影仪器是表,即直立于地上的竿子或柱子。后来又从表中衍生出许多相关仪器。

表最基本的用途是定方位。方法是以表为中心在地面上画一个圆,这样只要测出日出和日落时表影与圆的交点,就可以定出东西方向。但此方法误差较大,古人就想办法弥补这一缺陷,其中最实用的是元代郭守敬发明的"正方案"。

它是一个四尺见方的石板,板的中心有一个孔洞,插入一个长度可调节的表。围绕孔洞画出 19 条间距一寸的同心圆,石板四周还刻有水槽以便调整水平。使用时,当表影进入最外圈圆周,就记下其在圆周上的位置,然后依次记下表影与每个圆周相交的点,直到表影移出外圆为止,这样同一圆周上两个交点的连线即为东西方向,多组圆周定位便能提高观测精度。

测定正午表影的长度可以确定节气的时刻,进而计算回归年的长度。用于影长测量的尺子叫圭,圭和表固定在一起就成为圭表。

圭表

正方案

日晷是利用晷针的影子在一天中的方位变化对地方真太阳时进行测量的仪器，又可分为地平式和赤道式两种，前者的晷面是水平的，这样晷针的影子在晷面上的移动速度并不均匀，日出和日落时走得快，而中午则走得慢，制造起来比较麻烦。后者出现较晚，其晷面同赤道面平行，晷针的影子移动速度是均匀的，容易制造，因此出现后便流行开来。

 12

漏刻是用来做什么的？

漏刻是中国古代使用最广泛、地位最重要的计时仪器，其基本原理是利用均匀的水流导致的水位变化来显示时间。漏刻在商周时期就已出现。早期漏刻叫作沉箭漏，用一个底部开孔的漏壶盛水，水中放一浮子，浮子上安插一个画有时刻标记的木箭，随着水从孔中流出，根据木箭在漏壶中的降落情况来判断时间。后来人们为了方便观察，将木箭移到另一个收集排水的受水壶中，观察其上升的状况，就变成了浮箭漏。

这样的漏刻叫作单级漏壶，它存在一个问题，即水流的速度受供水壶内部水位的影响，并不均匀，这会造成计时误差。到了东汉，人们在供水壶上方又增加了一个供水壶，就变成了二级漏壶。此后又出现了三级漏甚至四级漏壶。

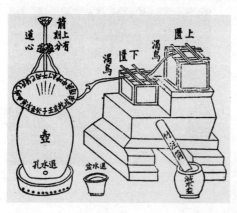

莲花漏

但是漏壶级数增加会在技术上造成新的误差，增加再多的漏壶已经没有意义了。因此人们又发明了一种通过漫流系统调控水位的漏刻，即北宋出现的莲花漏。

莲花漏是二级漏壶，其奥妙在于，上级供水壶的供水量大于下级供水壶向受水壶的供水量，在下级供水壶的上侧增加一个溢流口，多余的水由此漫出，这样就可以保持下级供水壶水位稳定，从而保证计时精度。

古人在漏刻的管理上也精益求精。比如为了保持水质稳定，规定要专井专用；为了保持恒温恒湿，将漏刻置于密室之中等等。这些措施进一步保证了漏刻的计时精度。北宋时漏刻计时日误差可以小于 20 秒。沈括甚至在漏刻精确计时的基础上，发现了太阳的周日视运动也就是地球自转的不均匀性。

 13

古人是怎么认识宇宙本原的？

宇宙的本原是什么？这是古代世界各民族都曾思考过的问题，出现过各种各样的宇宙本原学说。中国人也不例外。

春秋时的史伯认为，单一的元素不能生成万物，必须依靠不同元素的组合，认为构成万物的基本元素是金木水火土这五行。在西方，古希腊学者泰勒斯把水当作万物的本原，这种观点在中国也曾出现过，比如三国时期的杨泉就在《物理论》中写道："所以立天地者，水也。夫水，地之本也。吐元气，发日月，经星辰，皆由水而兴。"也有人把宇宙本原归结为抽象的概念，老子《道德经》中的"道生一，一生二，二生三，三生万物"，就把宇宙本原归结为"道"。

在中国古代各种宇宙本原学说中，最终把"气"当作宇宙本原成为了主流观点。这里的"气"不仅指现实中的空气，还是一种概念化的元气。人们又把这种学说和阴阳五行学说结合在一起，创造出一套完整的理论框架，即气生阴阳，阴阳生五行，五行生万物。

比如，在《淮南子·天文训》中，就描述了宇宙万物的生成过程：宇宙最初是一团混沌不分的气，从这团气中产生了时间和空间，这造成了阴气和阳气的分离。阳气轻清，飞扬上升成为天；阴气重浊，凝结聚滞成为地。阴阳二气的推移运动还造成四季往复，万物衍生。阳气积聚形成了火和太阳，阴气积聚形成了水和月亮。多余的气则积聚成星辰。唐代的李筌也认为，元气运动使阴阳分离，形成了天地。五行是"天地阴阳之用"，万物是"五行之子"。

14

什么是盖天说？

对宇宙结构的认识是古代天文学的重要内容之一。盖天说是中国古代最主要的宇宙结构学说之一。这种理论认为天在上、地在下，天像伞盖一样遮盖着地。它的起源可追溯到原始的形象化比喻"天圆地方""天高地卑"。但在早期这种认识并没有形成系统的学说，也没有进一步关于天地结构的定量描述。到了西周时期，随着人们认识的深化，天圆地方的观念就演变成了盖天说。

盖天说的经典著作《周髀算经》认为，天以北极为中心，地以正对北极的极下地为中心，天地都是凸起面，中心高，四周逐渐变低。天在上如盖笠，地在下如覆盘，天地相距恒为 8 万里，太阳在不同季节中分别处于以北极为中心的七条同心圆轨道上，每天随天盖绕北极与极下地的连线平转一周。这七条同心圆轨道称为"七衡"，两衡之间的空隙称为"间"，因此叫作"七衡六间"。夏至时太阳在最里面的一衡，冬至时则移到最外面的七衡。

盖天说可以测算各种天文数据，能够解释人们日常生活中见到的各种天象，预测日月星辰的运行，还能够编制历法，满足社会需求。运用七衡六间的理论可以准确地预报二十四节气，具有很强的应用价值。但这个学说具有明显的缺陷，汉武帝在编著《太初历》时就放弃盖天说转而采用浑天说。此后一千多年中盖天说与浑天说陷入了旷日持久的争论，总的趋势是信奉浑天说的人逐渐增多，而信奉盖天说的则越来越少。

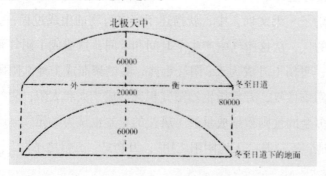

盖天说示意图

15

什么是浑天说？

浑天说是中国古代占主导地位的一种宇宙理论，它的天地结构模式为：天是一个像鸡蛋壳一样的封闭球壳，地像鸡蛋黄一样处于天的包围中，并漂浮在水上。天球每天绕南北天极的轴线自转一周，而且可以带着日月星辰穿行地下。

早在公元前400年的战国时期，有个叫慎到的人就提出了"天体如弹丸"的看法，这是浑天说的重要思想来源。在西汉制订《太初历》的过程中，浑天说被官方天文学家正式采纳。东汉的张衡制造了浑天仪，并在《浑天仪图注》里表述了浑天说"天包水、水浮地"的宇宙结构图景。

张衡还在《灵宪》一书中讨论了宇宙演化的问题，认为宇宙演化过程可分为三个阶段。第一阶段是天体没有形成之前，原始宇宙中充满了混沌的自然之气；在第二阶段，空间中产生了各种元气，自然界处于混沌不分界线不明的状态；第三阶段混沌的元气逐渐分离，清气向外，形成了圆球形而不停运转的天；浊气向内，积淀凝结成为一个上面平而静止的半球形大地。此后，由于天和地的互相结合与作用，产生了天上的日月星辰和地上的万事万物。

到了魏晋南北朝时期，浑天说理论体系逐渐完备。由于浑天说不仅能比较准确地解释某一固定地点所常见的各种天象，而且为精确观测、记录、分析及预报天体的运动情况提供了一个基本正确的参照系统，因此成为中国古代占统治地位的宇宙理论，并延续了一千多年。

16

天人感应是一种什么理论？

古人认为天与人之间可以相互影响，这就是天人感应。这种思想可以上溯到商周时期的天命论。到了西汉，董仲舒杂糅阴阳五行学说，对天人感应做了系统的阐释。他认为，天是至高无上的，天依照自身的模样与特质生成了人，并为人的需要生成出其他万物。天有什么，人也就相应有什么，比如天有阴阳，人有哀乐；天有五行，人有五脏等等。人体的各部位可以与天感应，特别是精神会与天感应。

人世间与天感应的主要是皇帝。天具有赏善罚恶的功能，它通过观察人间皇帝执政措施的优劣，对之进行相应的褒扬或惩罚。如果皇帝得民心，就会得到天的褒扬，比如气候风调雨顺，或者降下朱草、甘露、景星、黄龙等祥瑞之物。但如果皇帝犯了错误，天就会降下灾异进行警告，包括水灾、旱灾、虫灾、火灾等等。此时皇帝必须认真检讨自己的错误，如果置之不理，天就再降下怪异，如无冰、狗生角、地震、日食等等。如果皇帝仍然执迷不悟，最严厉的惩罚便是改朝换代、亡国灭身。

天人感应学说对皇帝有一定的约束力，当灾异发生时，一些皇帝会下达"罪己诏"、赦免罪犯、减轻赋税以表示悔过。另一方面，皇帝贵为天子，很多时候不能直接受罚，需要大臣代君受过。最激烈的一次发生在西汉绥和二年（公元前7年），当时有人上奏皇帝，称发生了荧惑守心（火星在心宿内徘徊不去的现象）这一极凶天象，汉成帝归咎于丞相翟方进，将其赐死。

17

钦天监是个什么机构？

钦天监是明、清两代国家天文机构的名称。在中国古代，天象一直被视作上天展现自己意志的媒介，制历颁历也被看作一种重要的权力象征。因此历代均把天文观测、制定历法等事务视为皇家独享，庶民一律不得侵犯，并在朝廷设立专门的天文机构。

历代天文机构的名称有所不同，有时归于分管礼制的部门，有时则归于分管图书经籍、国史实录等的部门。虽然它的位品不算很高，地位却举足轻重，很大程度上成了一种保密机构。钦天监这一名称自1370年开始使用，前后延

北京古观象台

续 500 多年，直至清末。明代钦天监设监正一人，监副二人，其下设有主簿、五官正、五官灵台郎、五官保章正、五官挈壶正、五官监候、五官司历和五官司辰等官职。

清代钦天监的官名大体相同，且监正、监副中一度满、汉和欧洲传教士并用，直到 1826 年才停止委任西洋人任监正和监副。清代钦天监的工作内容主要有三项：编算每年行用历书，并译成满蒙文字；管理观象台，进行天象观测；掌管标准计时工作，并负责为重大活动选择吉日、辨识禁忌等事务。

1406 年明成祖朱棣迁都北京后，天文仪器则仍留在南京，钦天监人员仅凭肉眼观察天象。1442 年观星台建成，至清代改名为"观象台"，并留存至今，现位于北京市建国门立交桥西南角。其台体高约 14 米，台顶南北长 20.4 米，东西长 23.9 米。清代康熙和乾隆年间，天文台上曾先后增设了八件铜制的大型天文仪器，均采用欧洲天文学度量制和仪器结构。

18

水运仪象台是一种什么仪器？

水运仪象台是一种大型天文仪器，也是世界上最早的天文钟，由北宋天文学家苏颂、仪器制造家韩公廉等人于 1092 年制作完成。

中国古代有用水力来驱动天文仪器的传统，东汉的张衡就曾制作水力驱动的"漏水转浑天仪"，唐代的僧一行和梁令瓒、北宋的张思训也都曾制作水力驱动的浑象与计时装置。苏颂等人制作的水运仪象台集观测天象的浑仪、演示天象的浑象、计量时间的漏刻和报告时刻的机械装置于一体，结构非常复杂。

整座仪器外观是一上狭下广的正方形木结构建筑，高约 12 米，宽约 7 米。全台共分三隔。上隔是一个板屋，中放浑仪和圭表，用来测天；中隔是一间密室，放置浑象，用来演示天象；下隔则包括报时系统和全台的动力系统等。报时系统又分为五层木阁，通过摇铃、打钟、敲鼓、击钲及出现木人等形式来报时。动力系统则以漏刻的流水为原动力，驱动枢轮转动，枢轮再带动贯穿全台上、中、下三隔的天柱做匀速转动，使得浑仪、浑象和报时装置同步运转。

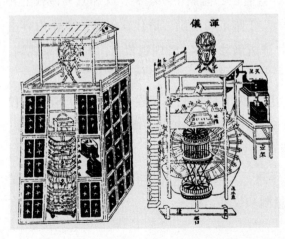

水运仪象台

为了说明水运仪象台的结构和工作原理，苏颂还编纂了《新仪象法要》一书，这是中国现存最详细的古代天文仪器图说。书中有 66 幅精致插图，辅以文字说明，把水运仪象台的整体面貌和各部分结构作了细致的描绘，也反映了古人在机械制图方面的造诣。

19

古人是怎么认识南北影差的?

在中国古代，曾有一种观念，认为南北千里影差一寸，意思是在同一天的正午，在南北相距一千里的地方立表测影，得到的影长会正好相差一寸。一开始，人们对它深信不疑，盖天说和早期的浑天说都将其当作一条基本假设。

南朝刘宋元嘉年间，刘宋军队曾进入越南境内的交州等地，在夏天立表测影，因为越南在北回归线以南，结果不但发现表影位于表南，而且所得的影长与其到中原的距离也不符合千里影差一寸。

一行塑像

此后，隋代的刘焯明确指出，千里影差一寸应该与实际情况有出入，需要进行天文测量来求得真实情况。唐初的李淳风对交州和建康两处的测影结果进行了比较，发现按前者计算，南北 600 里影差一寸。按后者计算，南北 250 里影差一寸。他认为，南北影差可能不是一个常数。

唐开元十二年（724），一行等人领导了一次大规模的天文大地测量。他们在河南平原上选取了基本位于同一经线上的四个观测点，还丈量了四地之间的水平距离。与此同时，又派人前往交州进行测量。结果发现，大约南北相距 200 里，影长就差一寸。这次测量活动终结了此前关于南北影差问题的争论。

在这次测量中，一行等人还发现，从北到南，北极的高度差与南北里差成固定的比例关系，南北相差 351.27 里极高差一度。而且，在交州进行观测时，可以见到中原地区看不到的许多恒星。

以这两点为基础，理论上可以推测出大地是球形的，可惜一行等人错失了这个关键结论。

元代的"四海测验"有哪些成就?

郭守敬塑像

元代的郭守敬等人发起并组织的"四海测验",是一次全国范围的天文大地测量,也是中国古代规模最大的一次测量活动,于1279至1280年进行。其范围东至朝鲜半岛,西抵川滇与河西走廊,南至南中国海,北至西伯利亚,南北长一万多里,东西横跨五千里。

元代统一中国后,当时所用的历法《大明历》已经误差很大,元世祖忽必烈迁都大都后决定修订历法,新历由王恂、许衡、郭守敬等人编纂,命名为《授时历》。为了使《授时历》能够普遍适用于元代广阔的疆域,郭守敬向忽必烈提议,应仿效唐代一行为编制《大衍历》而进行全国天文大地测量的史实,再进行一次全国范围的测量。

由于元代疆域比唐代大得多,郭守敬等人共选取了27个观测点,从北纬15度到65度之间,每隔10度均有观测点。各点分别进行北极出地高度、夏至晷影长度以及昼夜漏刻长度等测量。其中有20处观测点的位置在今天明确可考,所得地理纬度与现代值相比平均误差为0.35度,有9处误差在0.2度以内,有两处则与现代值完全相等。

这次测量获得的高精度原始数据,为《授时历》的编纂奠定了真实可靠的基础。《授时历》是中国古代历法的最高典范,它集中吸收了前代历法在天文常数及具体算法上的许多长处,对日月五星运动不均匀性的处理也更加精细。同时,还普遍以三次函数描述天体运动的不均匀性,大大提高了描述及计算精度。它的回归年长度为 365.2425 日，与现行公历格里高利历相同。

21

《天文图》有什么特点？

《天文图》是一幅制作于南宋时期的石刻星图，现藏于苏州碑刻博物馆。

早在五六千年前，中国人就把星星的位置以图画的形式记录下来，制作成星图。目前发现的早期星图主要是汉代以后的墓室彩绘和石刻星象图，这些星图大都是示意性的，星官的位置也不太准确。在唐代的敦煌卷子中还发现了一套纸质星图，上面绘有全部传统星官，但位置也不太准确。

《天文图》的作者为南宋的黄裳，绘制于光宗元年（1190）前后，在淳祐七年（1247）又被王致远刻在了石碑上。这块石碑高 216 厘米，宽 108 厘米，内容分为星图和图说两部分。

整幅星图为圆形，以天球北极为圆心，是一幅北纬 35 度地方可见星空的全天星图。从北极向外有三个同心圆，分别表示内规、赤道和外规。内规相当于恒显圈，它的内部是永不下落的常见星。外规相当于恒隐圈，是南天星可见的界限。

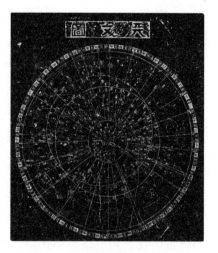

天文图

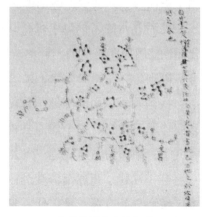

敦煌星图北斗星组群

图上还以北极为中心绘制了 28 条辐射线，把星图分成 28 个不等部分，每部分含有一宿。再按三垣二十八宿体系绘制出了全部传统星官，共有恒星约

1436 颗。在图的最外边有两个比较接近的圆圈，交叉写有与二十八宿相配合的十二辰、十二次和州国十二分野。星图下面的图说共 2140 字，概述了当时所知的天文知识。

据研究，《天文图》上的恒星是根据宋代元丰年间的天文测量结果绘制的，位置相当精确，在一定程度上反映了当时天文学的发展水平。

为什么称中国为"九州"？

我们有时候会把中国称为"九州"，比如清代的龚自珍就写过"九州生气恃风雷"的诗句。那么，这种称谓是怎么来的呢？

九州的说法最早出自战国时期的地理著作《禹贡》，这本书记载的是传说中大禹治水时的地理状况。《禹贡》把当时中国的境域按照山脉河流等特点划分为九个自然地理区域，称为九州，并记述了各地的山川、水文、物产、道路等情况。这九州分别为冀、兖、青、徐、扬、荆、豫、梁、雍，其范围大概相当于黄河与长江的中下游地区。

此后九州的名称也出现在其他典籍中，但各典籍中所列的九州名称并不完全相同，例如在《尔雅·释地》中没有青、梁二州，多了幽、营二州；《周礼·职方》以幽、并二州取代徐、梁二州；《吕氏春秋·有始览》则缺梁州，多幽州。

战国末年，阴阳家邹衍曾创立一种"大九州"学说，认为中国的九州合起来叫作赤县神州，九个像赤县神州这样大的州合成一个大州，而这样的大州又有九个，中国的九州只是"大九州"的八十一分之一。

到了汉代，州逐渐演变为国家行政区划的通名。在汉武帝创设的十三个监察区域中，就有冀、豫、徐、兖、青、荆、扬等七个州的专名来源于《禹贡》。直到今天，《禹贡》九州中的专名冀、豫仍然是河北、河南两省的简称，而徐、兖、青、扬、荆仍为中国现代城市或地区的专名。

什么是五服？

中国古代的天下观念认为，华夏位于世界的中心，文明程度最高，周边地区的文明程度递减，直到最边缘的蛮荒之地。在战国时的地理著作《禹贡》中，记载了一种几何化的区划系统，叫作"五服"。

在五服中，世界就像一个巨大的"回"字，占据世界中心的是位于洛阳一带的王都。从王都向外，每隔500里划出一个方形，中心区域由王都直接统治，

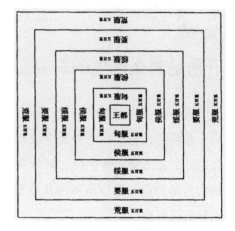

五服示意图

往外的方框状区域就叫作"服"，每个服的文明程度由内向外依次降低。这五服分别是：

甸服，是以农业为主的直接统治区。古代以都城外百里为"郊"，"郊"外为"甸"，这个区域因此得名。

侯服，是诸侯的统治区。

绥服，介于中原与少数民族之间，是需要加以安抚的地区。"绥"的本意是车上用来拉扶的绳子，引申为安抚的意思。

要服，属于边远地区；"要"是约定的意思，人们认为这一区域无足轻重，只能用条约来管辖。

荒服，即蛮荒之地。

在五服之中，甸服和侯服是华夏文明的核心区。《禹贡》详细列举了各服之中的具体统治方式。比如在甸服中以百里为单位，离国都最近的一百里要缴纳连秆的庄稼，二百里的缴纳禾穗，三百里的缴纳带壳的谷物，四百里的缴纳

粗米，五百里的则缴纳精米。

《周礼·夏官·职方氏》将"五服"扩大为"九服"，在荒服之外又增加了文明程度更低的"蛮、夷、镇、藩"四服。其中"蛮"和"夷"都是对古代周边民族的蔑称，"镇"是压服、威服的意思，而"藩"是藩篱、屏障的意思。

24

五岳是怎么产生的?

五岳是中国五大名山的总称。中国是多山的国家，华夏先民很早就形成了山岳崇拜的思想，在甲骨文中就有关于祭祀大山的记载。古人认为神仙生活在天上，高山之巅云雾缭绕，就像在天上一样，因此某一地区之内最高的山通常被认为是神山。秦以前各国往往有自己的神山，称为"岳"或"镇"，国君要定期前往祭祀。

秦统一中国后，秦始皇曾前往泰山封禅刻石。到了汉武帝时期，第一次由官方确定全国范围内的"五岳"，但当时尚未确定是哪五座山。汉宣帝时才定今天的河南嵩山为中岳，山东泰山为东岳，安徽天柱山为南岳，陕西华山为西岳，河北恒山为北岳。

五岳中的西、中、东三岳正好位于黄河流域的东西轴线上，自确定以后始终不变。而南、北二岳则发生了改变。隋代将南岳改在湖南衡山。位于河北曲阳的北岳恒山只有不到900米高，不够壮观，至明清时期改在山西浑源的恒山，更靠北且更高，海拔有2000多米。

历代帝王都要前往五岳封禅，自己不去的话也要派官员致祭。由于泰山、嵩山和华山距都城路程较短，交通便利，皇帝去得较多。汉武帝曾八次前往泰山封禅。唐代女皇武则天曾封禅嵩山，改嵩山为神岳，改年号为"万岁登封"，并将嵩阳县改名登封县，阳城县改名告成县。唐玄宗在"岳"的基础上将五岳封为"王"，宋真宗又进一步封五岳为"帝"。此外，道教特别崇奉五岳，认为每岳都有岳神。

25

什么是四渎？

在我国古代，人们将长江、黄河、淮河、济水四条单独流入海洋的大河统称为"四渎"。中国最早的一部辞书《尔雅》就在"释水"篇中解释了四渎的概念。古人认为，如果四渎治理安定了，万民就可以安居乐业，不再受洪涝之苦。从汉宣帝开始，四渎神正式列入国家祀典。唐代以大淮为东渎、大江为南

《乾隆南巡图》中皇帝视察黄河情形

渎、大河为西渎、大济为北渎。这一体系此后便沿用下来。

在中国古代，"河"字本来专指黄河，"江"字专指长江，后来它们才演变为河流的通称。在四渎中，黄河的地位最高，称为"四渎之宗"。历代官方对黄河的祭祀活动有着严格的礼节。以清代为例，典制里对祭祀活动做了十分详细的规定。一年之中，常规的祭祀活动主要分春、秋两次。在黄河沿岸到处都建有河神庙，皇帝每次出巡途经黄河时，都要派人到河神庙祭祀。

淮河历史上曾是一条独流入海的大河。历代帝王祭祀名山大川的时候，淮河都在所祭之列。例如西汉神爵元年（前61），为祈求天下丰收，汉宣帝派使者祭祀山川，其中祭祀淮渎神的仪式就在淮水发源地、今天的河南南阳桐柏县平氏镇举行。

济水在历史上也称为大清河，它的河道大致相当于今天的黄河山东段。位于今天河南济源的济渎庙始建于隋开皇二年（582）。清咸丰五年（1855）黄河改道北流，大清河从山东东阿县南鱼山以下的河道都被黄河夺去。就这样，济水便不复存在了。

26

古人对"沧海桑田"有怎样的认识?

如今我们经常用"沧海桑田"比喻事物变化的程度极大，或者变化速度较快。这个成语的字面意思是指大海变成农田，农田变成大海，它体现的是古人对海陆变迁的认识。

海陆可变迁的思想在中国古代由来已久，汉代的徐岳在《数术记遗》中就曾提到"麻姑之桑田"，这个故事在东晋炼丹家葛洪所写的《神仙传》中有详细的记载。书中名为麻姑的仙人在谈到东海时说"东海已经三次变为桑田"。

到了唐代以后，人们对沧海桑田的现象有了更为明确的认识，在许多人的诗文中都可以找到"海田可变""沧海成桑田""东海变桑田"这样的描述。当时江西抚州南城

麻姑山图

县的一座山上发现了螺蚌壳化石，更让人相信麻姑的传说，这座山因此也被命名为"麻姑山"。著名书法家颜真卿在抚州为官时曾到麻姑山游玩，在看过螺蚌壳化石之后，认为这或许就是"桑田所变"的证据。

北宋的沈括有一次被朝廷派往河北视察，沿太行山而行，也在山崖间发现了螺蚌壳化石和磨圆度较好的卵石。沈括分析说，太行山在远古时代应该是海滨，如今却距离大海有千里之遥。他认为，流经华北平原的黄河等几条大河含沙量都很高，华北平原应该就是泥沙千百年来沉积而成。此外南宋的朱熹对沧海桑田现象也有论述。他认为高山上的螺蚌壳有的出现在石头中，这是沧海桑田的过程中旧日之土变为岩石的结果。"下者却变而为高，柔者却变而为刚。"

27

古人是怎么认识地震的?

中国是地震灾害频发的国家,在古代人们就对地震的成因有过多种多样的解释。在公元前780年的西周时期,发生过一场地震,泾水、渭水和洛水流域都受到影响,当时的一位叫伯阳父的史官认为,天气和地气各有一定的位置,如果被人搅乱,则阳气潜伏,被阴气压迫而不能上升,于是发生了地震。此后有很多人都支持这种阴阳失衡导致地震的观点。

战国时的晏子和西汉的司马迁认为,地震是由水星运动到房宿与心宿之间造成的。庄子则认为,地震的发生是因为海水三年循环一次,海波相搏,将能量传递给大地,因而造成地震。这种说法认为地震是有周期性的。此外,古人也用天人感应的理论来解释地震,西汉的董仲舒认为地震等灾害的发生是上天降下的警示,此时就需要君王来引咎自责。与此相反,宋代的王安石认为地震是一种自然现象,天地与人事之间没什么关联。

古人还对地震的发生过程进行了细心记录,特别是震前的一些异常现象。有些地震在发生前地下出现"地声";还有的地震发生时震区上空有"地光";有些强震在发生前会出现一系列前震;在大地震发生前,震区有的地方地下水位会突然升高或降低;还有的地方出现高温、干旱、大风等气候异常;一些动物在地震前出现乱蹦乱跳、不思饮食等现象。但是直到今天地震短期预报仍然是世界性难题。

28

《水经注》是一部什么样的书?

《水经注》是中国古代的一部河道水系著作,共40卷。作者是北魏的郦道元。《水经注》一书因为是给前代水系著作《水经》作注而得名,《水经》一书只有一万余字,简要记述了137条主要河流的水道状况。《水经注》名为作注,

《水经注》书影

实际篇幅远远超过《水经》，达到 30 多万字。共记载河流 1252 条，所涉及的干支流水道有 5000 多条，湖泊、沼泽 500 余处，井泉近 300 处，伏流 30 余处，瀑布 60 多处。除中国境内的滦河、海河、黄河、长江、淮河、珠江、塔里木内流区、元江——红河等流域外，还涉及国外的印度河、恒河流域。

《水经注》除全面系统记述各条河流的渊源、流经、交汇，以及相关河流的水文、变迁情况外，还记述了大量与河流相关的地区的地貌、植被、土壤等自然地理内容。包括山岳、丘阜地名近 2000 处，洞穴 70 余处，植物 140 余种，动物 100 多种，水灾 30 多次，地震近 20 次。此外还包括物产、人口、交通、风俗、政区沿革、历史掌故等人文地理内容。例如涉及城邑共 2800 座，古都 180 座，小于城邑的聚落共约 1000 处。其中也包括印度等国的一些城市。

《水经注》共引用文献 437 种，涉及北魏以前的大量地理、历史、考古、建筑、水利、农学和文学资料。可以说，《水经注》是一部以《水经》为纲，全面而系统的综合性地理著作。

由于《水经注》内容极其丰富，历史上还出现了专门研究郦道元和《水经注》的学问"郦学"。郦学研究在清代达到高峰，至今不衰。

29

古人是怎么认识黄河源的?

对于黄河发源于哪里，古人一直想弄清楚。战国时期的《禹贡》认为，黄河上游可以追溯到位于现在青海省的积石山。但那时对积石山再往西的河源情况就不了解了。《山海经·山经·北山经》认为，昆仑山以北很远的罗布泊水系是黄河的上源。

西汉时张骞通西域，张骞看到西域地区山前潜水重显的现象，又看到塔里木河东注罗布泊，不再往外流，就认为是湖水潜行地下，又从积石山冒出地面成为黄河。这种"伏流重源"说对后世造成了很大影响。

唐贞观年间，两位将领侯君集和李道宗率军追击吐谷浑，曾到达了河源区的星宿海。当时人们对河源的认识，也从积石山上溯到了星宿海。

元至元年间，都实前往河源区考察，否定了从前的"伏流重源"说，认为河源在星宿海。元代地理学家朱思本根据梵文图书的记载，认为河源在星宿海西南百余里。

清人绘《星宿海河源图》(局部)

明洪武年间，宗泐和尚前往西藏，取道河源区返回。在当地人的帮助下，宗泐观察了那里的水文地理情况。根据宗泐的记述，当时他已明确知道长江和黄河上源的分水岭为巴颜喀拉山，黄河出自巴颜喀拉山东北。

清康熙年间，拉锡和舒兰等人考察河源。拉锡等人在当年六月到达了鄂陵湖和扎陵湖，又到星宿海西部考察，并绘制了一幅《星宿河源图》，撰写了《河源记》。《星宿河源图》在扎陵湖以西画出了三条河，中间的一支画得最长。

如今，我们把黄河上源的这三条河分别叫作扎曲、约古宗列曲和卡日曲。根据 2008 年的考察结果，卡日曲为黄河正源。

古人是怎么认识长江源的？

长江是我国第一大河，也是世界第三大河。对于长江的正源，历史上人们的认识是在不断变化的。战国时期的《禹贡》中提到"岷山导江"，认为长江发源于甘肃和四川之间的岷山，其正源便是从岷山上流下来的岷江。

对于长江上游的另一条大河金沙江，在秦代以前，人们对它的了解还不太多。根据《汉书·地理志》的记载，当时的人们应该已经知道金沙江及其支流雅砻江要远长于岷江。

到了明代，金沙江远长于岷江已经成了常识。章潢在《图书编》中的《江源总论》一文中提出了判断江源的原则。他认为，如果上游的两条河长度差距比较大，则以长的一条为正源，短的一条水量再大也不能作为正源；但如果两条河长度差不多，但水量相差较大，就应当以水量大的为正源。章潢的看法是很合理的。根据这一原

徐霞客

则，自然应当将金沙江当作长江正源。

几十年后，大旅行家徐霞客经过实地考察，也主张将金沙江作为长江正源，并写了一篇《江源考》阐述自己的观点。徐霞客给出的证据也是河流的长度：金沙江和岷江在宜宾交汇，岷江经成都至宜宾不及千里远，而金沙江经丽江至宜宾共有二千余里。因此，岷江对于长江来说，就像渭河对于黄河一样，是支流。金沙江才是正源。

金沙江的上游是通天河。清康熙年间，对江源水系做了较详细的勘察和测绘。乾隆年间齐召南的《水道提纲》将通天河上游的木鲁乌苏河（今天叫作尕尔曲）定为江源。

根据 2008 年的最新一次考察，通天河上游的当曲是长江正源。

31

什么是"制图六体"？

如今人们绘制地图，都要考虑比例尺、符号等问题。类似的问题也是古代中国人绘制地图时需要考虑的，并被总结成了理论，这就是西晋裴秀的"制图六体"。

裴秀曾主编完成了著名的历史地图集《禹贡地域图》，他在这套地图集的序言中提出了"制图六体"，也就是六项原则，即分率、准望、道里、高下、方邪和迂直。这里的分率指的是比例尺，用来折算图上距离与实际距离的比率；准望指方位，用来确定地图上各地之间的相互位置关系；道里指距离，也就是各地之间路程的定量。这

裴秀

三项也是现代地图学不可缺少的数学要素。一般认为，高下指的是地形高低起伏如何取直；方邪是讲方向曲折引起的偏斜；迂直则是讲迂回曲折取直。这三条类似于现代测量学中改正由地势起伏、倾斜角度和地表曲直不同所带来的误差，求得水平直线的方法。

裴秀还对这六项原则之间的关系做了进一步论述，强调在使用它们时要相互参照，否则地图就会不准确，比如，如果只有比例尺而无方位，可能地图上某一处位置是正确的，但其他地方的位置就可能存在误差。除了投影和经纬度外，现代地图绘制中需要考虑的原则，"制图六体"基本都提到了。此后，北宋的沈括又补充了两点：一是"牙融"，约相当现代地图的等高线；一是"傍验"，指校验。

 32

马王堆地图有什么特点？

马王堆地图是 1973 年在湖南长沙马王堆三号汉墓出土的地图，共三幅，都绘制在帛上，制作年代不早于公元前 168 年。人们根据内容将它们命名为《地形图》《驻军图》和《城邑图》。

《地形图》为正方形，边长 96厘米，方位为上南下北，比例尺约为一比十万，地图的主要区域为当时的长沙国南部，也就是今天潇水的中上游地区。内容包括山脉、河流、居民点、道路等。图中用闭合曲线加晕线来描绘山体范围，用柱状符号描绘主要山峰，这与现代地

《地形图》复原图

形图上的等高线与山峰符号很相近。图中绘出了30多条大小河流，按照流向用由细到粗的线条表示，河道弯曲自然，其中有9条标注了河名。图中用矩形符号标示了8个县级居民点，用圆形符号标示了73个乡里居民点，用细线描绘了若干条道路。这幅地图表明当时的测绘技术、符号设计和制图原则都有相当高的水平。

《驻军图》是目前世界上发现的最早的彩色军事地图。长98厘米，宽78厘米，用黑、红、青三色绘制，方位也为上南下北，范围相当于《地形图》中部偏东南的部分，比例尺约为一比五万。图上除了山

《驻军图》

脉、河流等基本要素之外，着重描绘了9支驻军的驻地、城堡、防区边界、烽燧点、行军路线等内容。

《城邑图》损坏严重，图上无文字，依稀可以看出建筑物，包括带有城门堡的四方形城垣、棋盘状街道和用象形符号表示的城内建筑。

33

《禹迹图》有什么特点?

《禹迹图》是中国现存最早的石刻地图之一，也是现存最早的计里画方地图，制作于宋代。现存两碑，一块藏于西安碑林博物馆，碑的背面刻有另一幅地图《华夷图》；另一块藏于镇江博物馆。

"计里画方"是中国古代按比例尺绘制地图的一种方法。绘图时，先在图上画满方格，每个方格的边长代表一段实地距离，然后借助方格绘制地图的内容，以保证一定的准确性。由于古人画地图时把大地当作一个平面，没有地图

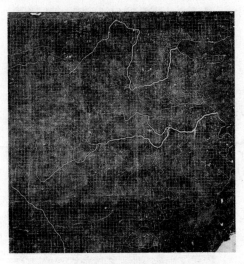

《禹迹图》

投影的概念，用这种方法画出的地图，误差会由中央向四周逐渐增大。

《禹迹图》横向分为70个方格，竖向则分为73个方格，共计5110个方格。比例尺为"每方折地百里"。该图是为研究《禹贡》而作，根据图上的文字说明，原图上所绘内容包括禹贡山川名、古今州郡名和今山水地名。但在刻石的时候，删去了古名，只保留今名。这可能是为了保持图面的简明清晰，或者是因为石刻地图无法像纸质地图那样用红黑两色区分古今地名。图上标注有行政区名380多个，有名称的河流约80条，有名称的山脉70多座，湖泊5个。

《禹迹图》上的水体与当时的实际情形基本吻合，包括海岸线的曲直走向，长江、黄河、汉水、沅水、湘水、珠江、澜沧江等河流的走势，以及太湖、洞庭湖、巢湖的位置等。一些画法则反映了《禹贡》的影响，比如黄河源出积石山，长江源于岷山等。

 34

中国最早的实测全国地图是哪一幅？

中国最早的实测全国地图是清康熙年间绘制的《皇舆全览图》。

康熙二十七年（1688），中俄两国因为边界冲突，在尼布楚进行谈判。在收集地理资料的过程中，传教士张诚指出，当时关于中国东北地区的地理知识相当缺乏，建议清政府组织一次全国范围的大地测量。《尼布楚条约》签订之后，康熙皇帝下决心在实测的基础上编制新地图。

测绘工作开始于康熙四十七年（1708），历经十年才得以完成。测量队由西方传教士率领，有许多中国官员参与，他们大多有着良好的数学、天文和地理学基础。在测绘东北地区时，测量队发现在北纬41度至47度之间，经线的弧长会随着纬度的递增而变长，这证明了牛顿对于地球形状的猜测，即地球是一个赤道处略隆起，两极略扁的椭球体。

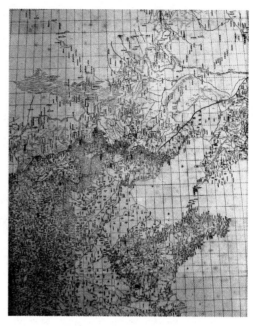

《皇舆全览图》（局部）

西藏地区海拔高，一般人难以适应，因此这部分测绘工作是由在钦天监学习的藏族喇嘛和理藩院主事完成的。在测绘的过程中，测量队发现了世界第一高峰珠穆朗玛峰，并第一次将这个名字标在了地图上。

康熙五十七年（1718），全国总图绘制完成，定名为《皇舆全览图》。《皇舆全览图》使用了天文测量与三角测量相结合的方法，在准确性和科学性上远超传统地图。全国除西藏外的大地控制点有641个。这些大地控制点构成了中国第一个大地控制网，它以北京作为大地原点，以穿过北京的经线为中央经线。此后清代的许多地图都以《皇舆全览图》为基础加以补充和改绘。

35

中国人是怎么发现地磁偏角的？

地磁偏角指的是地球表面任一点的磁子午圈同地理子午圈的夹角。指南针是发现和测定地磁偏角最简单的装置。由于中国人发明了指南针，因此也最早认识到地磁偏角的存在。

目前关于地磁偏角的最早记载出自宋代杨维德的《茔原总录》。这是一本相墓看风水的书，作者在书中写道，如果要无差错地确定四方的方位，罗盘上指南针的方向必须在丙午之间（罗盘外圈共分为24位，每位占据15°圆弧，分别用汉字表示，丙和午是相邻的两位），此时午位就是正南方。也就是说指南针所指的方向需要进行修正才能得到地理南北方向，这就是地磁偏角。这个方法是看风水的堪舆家使用指南针定向的经验总结。

半个世纪后，沈括在《梦溪笔谈》中在描写指南针的制作方法时也记述了这一现象，指出指南针的指向并不是正南，而是略微偏东一些。此后有关地磁偏角的记载屡见不鲜，但是人们并不清楚它的成因。例如有人用"五行生克"来解释，认为"丙"属火，"庚辛"属金，金受火的克制，故而指南针偏丙位。还有人以偏离"地中央"的距离来解释，认为洛阳为天地之正中，其余各地与它有偏距，故而指南针不正指南。

早期对地磁偏角的描述都是定性的，缺乏具体数值。到了明代，朱载堉利用元代郭守敬发明的测定南北方向的仪器，在洛阳或怀庆府测得地磁偏角为南偏东4°48'。他还指出，地磁偏角会因地理位置的不同而变化。

36

古人是怎么认识流水地貌的？

自然界中的流水会侵蚀地表岩石和土壤，搬运松散物质，流速减慢时被水搬运的物质又会沉积下来。由于流水作用，地表就会形成侵蚀地貌和沉积地貌，统称为流水地貌。我国古代文献中有很多关于流水地貌的研究。

北魏郦道元的《水经注》记载，当时安喜县由于河水泛滥，县城的城墙被冲垮了一角，露出了很多大木头。郦道元认为，这应该是安喜县建城之前，山洪暴发将树木冲到了这里。此后泥沙沉积将木头掩埋在了下面。后来建城时木头又被压在了城下。这个解释综合了流水的侵蚀、搬运和沉积作用。

明代大旅行家徐霞客认识到，流水侵蚀力量的大小与河流的流速有关，而流速又与河床比降有关。在福建旅行时，徐霞客发现，建溪和宁洋溪两条河，二者发源地的高度差不多，同样流入大海，但是，宁洋溪的流速却十倍于建溪。这是由于建溪的流程有八百余里，而宁洋溪的流程仅有三百余里，流程短的宁洋溪的河床比降远远大于建溪，流速更大，侵蚀力也更强，瀑布和险滩急流也比建溪更多。

明末清初的孙兰提出了"变盈流谦"理论。他将流水地貌的演变过程总结为三种方式："因时而变"，是在流水作用下侵蚀和沉积的长期变化；"因人而变"，是在排水、筑堤等人类活动作用下造成的变化；"因变而变"，是由于山崩、地震等突发事件引起的变化。这就是渐变、突变和人为因素造成的变化。

37

古人是怎么认识岩溶地貌的？

岩溶地貌又称喀斯特地貌，是可溶性岩石在流水的作用下形成的地表和地下形态。岩溶地貌在我国分布范围很广，以广西、贵州和云南分布面积最大。

古人很早就注意到岩溶地貌的存在：战国时期的《山海经·五藏山经》记录了今天广东英德一带的地下溶洞和暗河，《楚辞》中记载了今天湖南、广西交界处的九嶷山石灰岩峰林，马王堆汉墓出土的《地形图》中也描绘了九嶷山区的峰林地貌。

明代大旅行家徐霞客对岩溶地貌的考察最为细致，使用了许多专门的

石林

名称来描述各种岩溶地貌特征。例如，"花萼"指石芽，"龙潭"指落水洞，"釜"指漏斗，"盘洼"指溶蚀洼地，"五更天"指岩溶天窗等等。

徐霞客认识到，岩溶地貌具有地区差异，桂林和阳朔四顾皆为石峰，柳州西北峰林的分布则较为分散。按今天的术语，这是因为桂林和阳朔的岩溶地貌处于发育壮年期，形成了典型的峰林景观；而柳州西北部处于老年期，只有一些孤峰和残丘。

徐霞客还把洞穴的形态结构分为六大类：藤瓜式、楼阁式、蹲虎式、深井式、厅堂式和海螺式。藤瓜式是各种大小不同的洞穴由管道连接成的溶洞网；楼阁式洞穴不仅上下分层，还前后、左右分室；蹲虎式像一只老虎蹲在地上，从虎口到虎尾由一连串大小不一的洞穴相连；深井式就像一口井，可深达百余丈；厅堂式就像一座房屋，大的如厅，小的如堂；海螺式洞穴向不同方向旋转，形似海螺。

38

古人是怎么认识海底地貌的？

我国海域辽阔，古人的航海活动主要集中在近海，但近海水浅，船只遇到水下暗礁和暗沙很容易触礁搁浅，甚至发生海难。因此就需要认识海底地貌情况。船只停泊时，需要将一块拴着绳索的碇石沉到海底，作用类似于现在的锚。这也需要了解所在位置的水深和海底情况。

古人发现，海水的颜色和深度是有关系的。根据海水颜色的不同，古人将黄海海域分为黄水洋、青水洋和黑水洋。近岸海域因为水浅泥沙多，海水呈黄色；黄水洋以东海水较深，海底的泥沙不容易被波浪卷起，呈青色；再往东是海水更深的黑水洋。

在古代，人们探测海底地貌的方法是重锤法，就是将一个重锤用绳索拴住，放入海底，此时放出的绳索长度就是水深。黄水洋里暗沙密布，宋代徐兢的《宣和奉使高丽图经》就记载，每当船只经过黄水洋，水手都要反复用铅锤测量水深，十分谨慎。

除了测量水深，重锤还可以勘察海洋的底质。方法是先在铅锤的末端涂上牛油，这样铅锤坠入海底之后就能把泥沙粘住。航海者再根据泥沙的性质加以判断。如果铅锤粘不起泥沙，要么是水太深够不到海底，要么海底是石质，不但粘不起泥沙，碰石也没法固定。这两种情况都不适合停泊。

在南海海域分布着许多珊瑚岛。珊瑚虫对温度和水深条件要求比较苛刻，只能生长在一定深度的海底高地和海山顶的礁盘上。对航海者来说，这些珊瑚岛周边暗礁密布，要尽量避开。

 39

潮汐表有什么价值?

潮汐现象是沿海地区的一种自然现象，指海水在天体（主要是月球和太阳）引潮力作用下所产生的周期性运动。我国古代出现了不少潮汐学家，还编制了许多潮汐表，可细分为理论潮汐表与实测潮汐表两种，以唐宋时期最为有名。

唐代窦叔蒙的《海涛志》（又名《海峤志》）是我国现存最早的潮汐学著作，书中依据潮月同步原则，计算了自公元763年冬至上推太初上元冬至为79379年，28992664日，潮汐次数56021944次，得出潮汐周期为12小时25分14秒，与现今的计算结果相差不大。他还用直角坐标法绘制出涛时推算图，只要知道某一天的月相，依图便可查出当天两次高潮的时刻，亦可反查，被称作《窦叔蒙涛时图》，它属于理论潮汐表。

宋代张君房的《张君房潮时图》对潮汐表的横纵坐标时间单位做了更细致的划分，并推算出潮时每日推迟约3.363刻。又有燕肃按大小月的不同采用两个潮汐逐日推迟数。

由于各地的地形和水文条件存在差异，实际的潮时与理论推算的结果存在差异。北宋的沈括就曾在《梦溪笔谈》中指出，一个地方的实际潮时往往要比理论潮时迟一些，即潮汐的滞后现象，这显示了编制实测潮汐表的重要性。1056 年吕昌明编制的《浙江四时潮候图》，记录钱塘江每天高潮的时刻和潮高。元末的宣昭在杭州做官时，曾将《浙江四时潮候图》刻在江畔浙江亭的石碑上供人参阅。

 40

古人是怎么认识暴涨潮的？

在一些喇叭形河口地区，会出现一种奇特的潮汐现象。这种潮汐来临时，潮端陡立，来势凶猛，犹如一道直立的水墙高速地推过来，异常壮观。这种现象称为"暴涨潮"，也叫作"涌潮"。例如中外闻名的钱塘江大潮就是暴涨潮。

对于钱塘江大潮的成因，曾流行一个传说：春秋时的伍子胥被吴王迫害致死沉入江中，伍子胥恨意未消，驱水为涛。这种说法当然不足为信。东汉的王充在《论衡》中指出，钱塘江潮其实在大海中并不明显，当海潮进入喇叭形河口时，由于河口逐渐变窄，水流便激起成为大潮。这个解释非常合理，至今喇叭形河口仍然被看作暴涨潮形成的基本原因之一。

到了晋代，葛洪在《抱朴子》中进一步提出潮汐的"力"和"势"。他认为，海潮来自遥远的大洋，能量很大，在进入河口之后，虽然河床突然变浅变窄，但海潮的能量并未减少，因此高高隆起形成大潮。

唐代的卢肇在《海潮赋》中继承了王充和葛洪的理论，他还提出，由于河水水量很大，与海水在曲折狭窄的河道里相遇，两者相激形成了雄伟的大潮。

北宋的燕肃经过调查，得知钱塘江口存在南北互连的拦门沙，指出这是钱塘江大潮得以形成的另一个原因。用今天的术语来解释，钱塘江口这块隆起的拦门沙，会导致潮谷传播的速度大大低于潮峰的速度。在潮水向前推进的过程中，峰谷之间的垂直位置越来越近，直到潮峰赶上潮谷，潮水就会像一堵墙一样排山倒海而来。

钱塘江潮

 41

什么是桃花水？

古人为了防洪和抗旱的目的，需要对河流在不同季节的水文状况有所认识。随着物候知识的积累，到了汉代，人们就将物候和河流的涨落规律联系起来，用它给水情命名。

其中，黄河的涨落规律又是最受人重视的。到了宋代，对黄河一年中不同月份水情的命名已经非常系统。根据《宋史·河渠志》的记载，在立春之后，黄河解冻，人们在河边候水，颇为信验，所以将正月的水称为"信水"。到了二、三月间，桃花和菜花相继盛开，春汛到来，因此又称作"桃花水"和"菜花水"。此后各月份的水名依次为麦黄水、瓜蔓水、矾山水、豆花水、获苗水、登高水、复槽水和蹙凌水。而不符合水信规律突然暴涨的水则称为"客水"。

这套命名方法，是将黄河流域的物候规律和水的涨落——对应起来。后来，人们就用桃花水来代指三月的河水。

古人是怎么预报降雨的?

降雨是生活中最常见的天气现象之一，古人通过不断观察，总结出了一些预报降雨的方法。

云和雨有着密切的联系，古人认为，根据云量、云色、云状和云的行进速度等直观特征，可以预报降雨。例如，《吕氏春秋·有始览》将云分成山云、水云、旱云和雨云，大致相当于今天气象学中的积雨云、卷积云、卷云和碎层云。《晋书·天文志》认为，当云"甚润而厚大"时，就是要出现大暴雨的征兆。

唐代黄子发的《相雨书》收集了许多天气谚语，包括如何根据云的行进方向和形状预报降雨。比如，如果云逆风而行，就是下雨的征兆。如果黑云像羊群和飞鸟一样快速行进，五日之内必有大雨。

古人还可以通过大气光学现象来预报降雨。光线在穿越大气时会发生透射、反射、折射、色散等现象，这和大气的密度、杂质和水分状况密切相关，可以用来预报降雨。比如，当太阳周围出现日晕时，就可能会有降雨。《相雨书》认为，当晚上出现断虹，就表明其他地方正在下雨，或者半夜有降雨。

还可以通过观测物候来预报降雨。例如，古人发现，在下雨之前，由于空气湿度增加，蚂蚁会成群地走出蚁穴。鹳以蚂蚁为食，因此，如果观察到鹳在蚁穴附近盘旋，就意味着要下雨。此外，还可以看土石的湿润程度。当空气湿度大，气温又高的时候，水汽在温度较低的石块和墙壁表面就会凝聚成水珠，这也是要下雨的征兆。

《孙子兵法》中有哪些军事地理思想?

地理环境对战争的胜败影响很大。在被誉为"兵学圣典"的《孙子兵法》

中，有关军事地理的内容就占到五分之一。

孙子认为，在山地、河流、沼泽、平原这四种不同的地形中，需要运用不同的行军作战原则。在山地行军要靠近河谷；军队驻扎时要在面南朝阳的高地，这样便于观察敌情，也便于冲杀，与敌军交战要避免仰攻；在河边行军，如果遇到敌军渡河，不应在河面迎击，而是在对方渡过一半时发动进攻。

孙子总结了六种有害的地形，认为军队遇到时应该赶紧离开，分别是天涧、天井、天牢、天罗、天陷和天隙。比如，天涧是指两旁陡峭而中间流水的地方；天井是指四周高峻而中间低洼积水的地方。

孙子将战场地形分成通、挂、支、隘、险、远六种。通形是地形平坦、四通八达的地区，在这里作战要抢占地高向阳的地段，还要保证粮道畅通。险形是山川险峻、行动不便的地区，在这里作战也要抢占地高向阳的地段，如果这样的地段被敌军抢占，我军就应该选择撤退。

孙子像

孙子还根据地形、地理位置、交通道路等因素，把战区分为散地、轻地、争地、交地、衢地、重地、泛地、围地和死地九种类型。例如，如果军队深入敌国腹地，背后有敌国的许多城市，可能受到重重围困，这种地区就是"重地"。孙子认为，身处重地，要就地补充，保持士兵的士气，在指挥作战时要出奇制胜。

1

古人是怎么找煤的?

我国煤炭储量丰富，在古代煤炭就已成为一种重要燃料。人们要想开采利用煤炭，首先就要知道煤炭蕴藏在哪里。古人在实践的基础上，积累了丰富的找煤经验。方法主要有三种。

第一种方法是查矿苗，也就是自然露于地表的煤炭，这是找煤最简便和直接的方法。只要找到矿苗，就找到了煤层。在没有矿苗的地方，可以观察岩层的种类和土石的颜色。比如，清代孙廷铨的《颜山杂记》就认为，在有页岩的地方，往往就有煤层存在。要判断一座山的下面是否有煤层，一个办法是观察山石的颜色。有的地方由于煤层埋藏得比较浅，表土层就会变黑。在一些地方，紫红色的岩石也是煤层存在的征兆。在盛产煤炭的山东枣庄，就有一句谚语："前有红石岭，后有煤炭岩。"

第二种方法是通过煤炭与地表植被的关系来找煤。在一些地区，含煤地层上不生草木，这样一来，有无草木或草木是否茂盛，就可以作为找煤的依据。还有的地方，在煤层上长有某种特殊的植物，可以作为找煤的指示植物。

第三种方法是通过共生矿物。在采煤的过程中，古人发现，有一些矿物是和煤炭共生的。比如，最晚在宋代，人们就已发现煤炭往往与瓷土共生。北宋的苏轼在徐州担任太守期间，曾在一个叫作白土镇的地方找到了煤炭资源，"白土镇"这个名字就是因为当地盛产瓷土得来的。古代有一句谚语"有瓷窑就有煤窑"。其他经常与煤炭共生的矿物还包括白矾和黄铁矿。在明清时代，人们在采煤的过程中，也会将黄铁矿收集起来加以利用。

O 2

古人是怎么开采煤炭的？

《天工开物》中的挖煤场景

采煤需要解决很多问题。明代的《天工开物》详细记载了当时的采煤技术。煤层内蕴含着有毒气体瓦斯，会对人体造成伤害，还可能发生爆炸。工人下井前要先将巨竹的竹节打通，末端削尖，再插入煤层中，使瓦斯顺着巨竹排出井外。竖井四周的煤炭都要开采，还要在上面用木头支撑以防止塌方。

早期采煤往往在竖井见煤时就一边掘进一边开采，如果遇到岩石掉落阻塞通道就另开新井。后来人们采用先布置巷道再采煤的方法，以减少开挖竖井的工作量。开凿矿井时主井必须凿得直，支护坚固，否则必然削垮。为了保证坚固，在选择竖井位置时要避开含水层和地质断层。当井深达到或超过煤层时，再从旁边顺着煤层的走向开挖巷道。为了让井下通风，要单独开挖气井和气巷，还可以用风车、风扇一类的工具将新鲜空气送到井下。

采煤时，工人多利用煤层的节理，先在下部掏槽，再凿打上部使煤层剥落。有的地方则先把煤层底部掏空，预留一些煤柱支撑，然后捅倒煤柱使煤层掉落。煤炭开采后一般依靠人背肩扛到巷道，明清时期有的煤矿还用骡马在井下运输煤炭。

对于矿井排水的问题，早期只能靠肩挑，后来则用辘轳、绞车来提水。总体来说排水能力有限，如果井下涌水量太大，往往只能将矿井废弃。如果矿井在山区，还可以利用地势，开挖泄水沟让矿井内的水流到矿外。

古人怎么认识煤炭？

在开发利用煤炭的同时，古人逐渐对煤炭的本质有了认识。人们根据煤层中出现的树木纹理和树叶痕迹，意识到煤炭是由远古的植物变化而成。明代的陈继儒在《眉公杂著》中称，新安西王桥洞开采的煤炭"木叶之形交错其间"。清代的檀萃在研究了云南出产的煤炭之后，明确提出了煤炭的成因。檀萃认为，云南多地震，当地震发生时，大地裂开，树木震倒后埋入了地下，千年之后就变成了煤。

古人还按不同的标准对煤炭进行了分类。例如，根据硬度的不同可分为硬煤和软煤。明代宋应星的《天工开物》根据块度将煤炭分为

《天工开物》中的南方挖煤图

明煤、碎煤和末煤三类。明煤就是大块的煤；末煤是散碎成面状的煤，又叫作"自来风"；碎煤介于两者之间。这三类煤各自有不同的产地。

此外，还可以根据煤的颜色来划分，如白煤、黑煤、红煤、黄煤、青煤等等。在明清时期，人们还根据发热量的不同，以及燃烧时火苗的长短区分不同的煤。《天工开物》把火焰高的煤称为"饭炭"，意思是适合用来煮饭；而火焰短平的煤称为"铁炭"，意思是适合用来炼铁。

古人还注意到，煤在燃烧的过程中，有的烟很多，有的则不怎么冒烟，因此烟的多少也成为了煤炭分类标准之一。清代的《山西通志》中有"劣炭微烟""肥炭有烟""煨炭无烟"的区分。一些煤炭燃烧时会产生刺鼻气味，至迟在宋代，人们已经知道这是煤中含有硫的缘故，这类煤一般叫作"臭煤"。

古人怎样认识和利用石油?

中国人在距今两千多年的西汉时期就已经发现石油。汉唐以后，在今天陕西的延长、延安，甘肃的玉门、酒泉，新疆的库车，四川的邛崃等地都出现了关于石油的记载，后来广东、台湾、浙江、安徽等地区也先后发现石油。石油在古代有很多名字，如石漆、石脂水、水肥、猛火油、火油、石脑油、石蜡、火井油、雄黄油等等。石油这个词是宋代出现的。明代时中国人已经初步掌握煎炼石油的技术，大约已炼出了煤油和柴油。

在古代石油的主要用途是照明。班固的《汉书》就记载了石油的可燃性。北魏

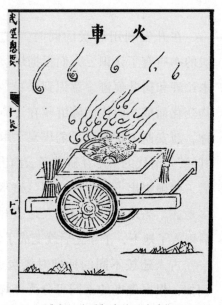

《武经总要》中的"火车"

郦道元的《水经注》则记载，将石油放置在容器中，颜色会由黄转黑，如凝膏一般，点燃后极为明亮。唐宋时期陕北地区的居民以含蜡量高的固态石油作蜡烛，叫"石烛"。

由于石油具有可燃性和爆炸性，还被古人用在军事上。例如578年突厥围攻酒泉，守军就用当地出产的石油烧毁突厥的攻城器械，守护了酒泉。宋代《武经总要》中记载的战争器械"火车"，是一种用膏油纵火焚烧的进攻性武器；"火罐"则是用罐装石油，预备射击人马、浮桥、船只等的防御性武器。

石油还曾被古人当作药物，制作成多种丸剂，用来化痰，以及治疗驼马羊牛疥癣。宋代的沈括曾将石油烧成烟制墨。人们还用石油中提炼的沥青修补缸坛等陶器，以及控制火药燃烧的速度。石油的其他用途包括钢铁热处理的淬火

剂、润滑剂、防腐剂等等。

古人怎么利用天然气？

天然气与煤炭和石油并称为三大化石燃料。相对于煤炭和石油来说，天然气的开采更为方便，只要在地上打一口井便可自然喷出。但在古代的技术条件下，天然气难以储存和运输，一般只能在产地就地利用。

《天工开物》中用天然气熬煮井盐

中国是世界上最早凿井开采和利用天然气的国家。战国末年，蜀守李冰在四川成都、华阳、双流一带开采井盐时，就发现有的井中会冒出可燃性气体。陕西、云南、新疆、广东、河北、台湾等地在古代也都发现过天然气井。西汉扬雄《蜀都赋》和《汉书·郊祀志》中已载"火井"，晋代张华《博物志》称天然气井为"火泉"。

在古代，天然气最常见的用途是煮盐。从盐井中打上来的盐水需要熬煮才能成盐。与烧柴相比，用天然气作燃料煮盐成本低廉，还可以省去采薪运炭的劳力，只需将连接好的竹筒插入火井中，将天然气输送到盐锅底部点燃即可。

四川盛产井盐，各地火井众多。其中在今天邛崃市境内的临邛井最为著名，自汉以来史书屡有记载，还有关于火井的画像砖，描述开采、利用天然气的生动情景。《后汉书·郡国志》认为当地的天然气燃烧时火光冲天，且没有炭灰，用天然气来煮盐水制盐，十斗盐水可熬出四五斗盐，如果用普通炭火煮盐，十斗盐水熬出的盐也就二三斗。说明天然气煮盐的出产率高，收益大。到了清代也有人记载，临邛的一口天然气旺盛的火井，可以供几十口锅煮盐之用。

6

古人怎样生产池盐？

　　池盐就是内陆盐湖中天然结晶或用盐湖表面卤水晒制出的盐。我国北方干旱和半干旱地区广泛分布着盐池，其中，最著名的池盐产地是位于今天山西运城的解州盐池，那里出产的盐又称解盐。

　　解州盐池的开发非常早，曾是中原地区食盐的重要来源。起初，池盐的生产方式是直接采捞由卤水中自然析出的食盐结晶。但是，运城盐湖中氯化钠的含量并不很高，经过长期人工采捞之后，自然结晶的食盐就会越来越少。随着中原地区人口的增多，对食盐的需求量不断增大，因此，在春秋时期，人们又开始尝试用卤水晒盐。

　　到了唐代，解州池盐的生产技术逐渐成熟，叫作"垦畦浇晒"。就是将雨水稀释过的卤水引入人工开辟的晒盐畦中，依靠风吹日晒使食盐单独结晶析出。

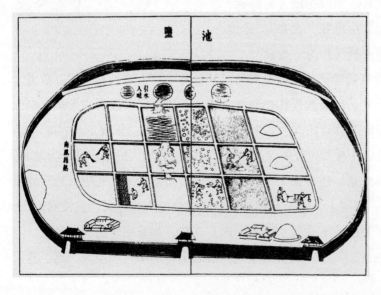

《天工开物》中的池盐生产

这种方法不但增加了产量，还提高了食盐的品质。

晒盐时，先将卤水引入蓄卤池，经过一段时间的蒸发之后，让难溶的石膏结晶析出，再将卤水引入下一级蓄卤池。继续蒸发之后，让芒硝等硫酸盐矿物结晶析出，然后将卤水引入再下一级蓄卤池，进一步蒸发浓缩。每一次转移卤水时都要将沉淀物过滤掉。最后将卤水引入晒盐畦中，加入淡水，再进行暴晒，使食盐析出。加入淡水的原因是，让白钠镁矾的细微结晶溶解，这样在随后蒸发时，食盐就可以抢先析出，避免白钠镁矾混入，保证食盐的纯度。

 7

古人怎样生产海盐？

食盐是人们生活的必需品，中国古代的食盐主要包括海盐、井盐和池盐三种。其中海盐生产直接以海水为原料，沿海各地都可生产，因而逐渐成为产量最高的食盐生产方式。

宋代煎海盐图

起初海盐生产的方法是"煮海为盐",但直接煮海水制盐成本高,随着时间的推移,这种生产方式逐渐趋向衰落。代之而起的是制卤技术,即先将海水引入盐田内逐步浓缩,达到使卤水中氯化钠饱和的浓度,最后再用卤水煮盐。这样缩短了熬煮的时间,从而降低了制盐的成本。但是制卤煮盐仍需要消耗燃料,于是在元代,福建的盐场又出现了完全依靠日晒风吹的晒盐法,这种方法从明代开始在北方盐场推广。

海边的盐场主要分布在潮间带,涨潮时淹没在水面以下,落潮时则出露水面。根据离海的远近又分为上、中、下三场。其中上等盐场位置最高,晒盐时间最长,只有大潮时海水才能灌入,潮小时则需要将海水人工担或抽入盐田。位置最低的下等盐场则晒盐时间最短。

在长期的海盐生产中,古人还创造出许多测定卤水盐度的方法,比如利用莲子、鸡蛋、桃仁等比重不同的物体进行测量。除此之外,无论是煮盐还是晒盐,纳入的潮水浓度越高越好,而海水的浓度又随着季节、昼夜和晴雨等条件不断变化,因此人们逐渐积累了大量相关知识,包括潮汐涨落的时间和幅度的变化规律,以及潮水盐度的时空分布和变化规律。

8

古人怎样生产井盐?

中国古代,在离海遥远的西南地区,食盐的主要形式为井盐,即通过打井的方式抽取地下卤水而制成的盐,生产井盐的井叫作盐井。

井盐在战国时期就已出现,当时人们通过开凿大口盐井来获取地下的卤水,其形式类似于水井。这种方式延续了很久,打井工具除了锄头之外还有特制的铁矛。到了唐代,有的盐井深度可达八十余丈,井壁用木头做成护栏防止坍塌,也防止地下水流到井中冲淡卤水,开采出的卤水通过牛皮袋运出井口。

到了北宋时期,四川井盐的开采技术发生了重大变革,出现了直径只有五六寸的小口盐井,称为卓筒井、筒井或竹井。其开采工具也与大口盐井完全不同，是一种冲击式环形锉。将其放入井中，依靠自重下落顿击井底，打碎岩石之后提出。在井下放置阻隔淡水的井套，并用掏空的竹子连接起来。提取卤水的竹筒比井套略小，下端无底，只开一两个小孔，用熟皮绑住成为活门。当竹筒进入卤水中时，水的压力迫使活门打开，卤水进入竹筒。而在上提时，卤水的重量又会将活门关闭，这样卤水就不会流出来。

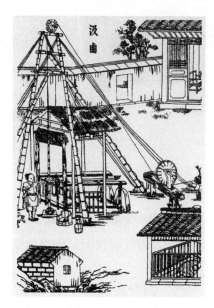

《天工开物》中的四川井盐生产之一　　　《天工开物》中的四川井盐生产之二

小口盐井的钻探技术是今天世界通行的深井钻探的先声。到了明代，大口盐井已被完全淘汰。盐井的深度也不断刷新纪录，开凿于清道光三年（1823）的自贡燊海井，历时13年，于道光十五年（1835）凿成，井深1001.42米，是世界上第一口超千米的深井。

9

太上老君为什么要炼丹？

在古典名著《西游记》中，孙悟空被关在太上老君的炼丹炉中，练就了火

明代炼丹炉

眼金睛。那么太上老君为什么要炼丹呢?

在中国古代,炼制丹药的最初目的是追求长生不老。在战国时期就有许多关于长生药的传说流行。秦统一后,曾有许多方士为秦始皇寻找仙药,在此过程中便出现了炼制丹药的活动。西汉的汉武帝和淮南王刘安都热衷于招募方士炼丹。东汉末年道教创立,道教追求修道成仙,十分推崇炼丹术,从此炼丹术便与道教密不可分。太上老君被尊为道教始祖,自然也要从事炼丹活动。魏晋南北朝时期出现了葛洪、陶弘景等大炼丹家。唐代崇尚道教,炼丹术昌盛一时,还有很多人试图通过黄白术合成金银致富。

炼丹术所追求的长生不老并不能实现,丹药中往往含有重金属等有毒成分,服食之后反而会损害健康。唐代从帝王到文臣武将有很多人因为服食丹药而死。到了宋代,人们吸取教训,认为长生无望,转而重视黄白术。但人工合成金银在古代的技术条件下也无法实现,因此元明以后炼丹术不再受到帝王青睐,转而沦为一种民间骗术。

太上老君

虽然炼丹术的两个目的都未能实现,但作为一种实验性活动,古人在炼丹的过程中探究物质之间的转化关系,这为化学知识的积累创造了条件。尤其值得一提的是,四大发明中的火药就是由炼丹家发明的。

在西方古代,与中国炼丹术类似的是以合成贵金属为目的的炼金术,二者各自独立起源。在唐代炼丹术开始外传,也对炼金术产生过影响。最终,在炼金术的基础上产生出了近代化学。

10

炼丹家发明了哪些器具？

中国古代的炼丹家在长期实践中发明了许多炼丹器具，并在不断加以改进，主要包括丹炉、坛、金鼎、神室、匮、丹合、石榴罐、坩埚、蒸馏器、研磨器、水海等等。一些类似的仪器在今天的化学实验中仍会用到。

丹炉是用金属或土制成的炉子，根据炼丹方法的不同有不同的样式和名称。例如炼水银用的"未济炉"分为上下两部分，上部药鼎用来围火锻炼，下部储水。"未济"二字源自六十四卦中"火在上、水在下"的未济卦。另一种"既济炉"则是储水的冷凝器在上、烧炼的反应室在下，名字取自六十四卦中"水在上、火在下"的既济卦。

安放丹炉的小土台叫作坛，有专门的建筑样式，迷信的炼丹家还会在坛的周围埋有生朱、石灰、生铁和白银，上垂古镜、纯剑、桃木等等。鼎用金、银、铜、铁等材料制成，分为火鼎与水鼎两种，前者作反应室，后者用于冷却。神室为炼丹的反应室，用铅制成，内径只有一寸，形如鸡蛋，可以悬浮在水中，炼丹时放置在有水的金鼎中。在炼丹的过程中，将原料研成粉末可使反应更加顺利，研磨器便是将固体物质研成粉末的仪器，和现在的研钵相似。

蒸馏器是利用蒸馏法分离物质的器具，除用来炼丹外，古人还用它来制烧酒，蒸花露水。宋代的《丹房须知》中绘有一种较复杂的水银蒸馏器。其下半部分为加热炉，上半部分为反应室，反应室用一根管子连接一旁的盛水冷凝器。

11

什么是"胆水浸铜法"？

学过化学的人都知道，铁元素比铜元素更活泼，如果将铁放入硫酸铜溶液中，铁就会把溶液中的铜离子置换出来。中国人很早就发现了这一化学现象，随着冶铁技术的成熟，人们便以铁为原料用这种方法来生产铜，叫作"胆水浸铜法"或"胆铜法"。这是一种湿法炼铜技术，开创了世界湿法冶金的先河。

胆铜法是古代炼丹家发现的，在汉代的许多著作里都有关于胆水浸铜的记载。西汉的《淮南万毕术》称"曾青得铁则化为铜"，这里的曾青又叫作石胆，是天然硫酸铜或其他可溶性铜矿物构成的铜盐。东汉的《神农本草经》"石胆"条下也记载"能化铁为铜"。东晋炼丹家葛洪的《抱朴子内篇·黄白》中写道"以曾青涂铁，铁赤色如铜"，指出只是铁的表面变成了铜。

此后人们认识到除硫酸铜外其他可溶性铜盐也能化铁为铜。南北朝陶弘景的《本草经集注》"矾石"条下记载"鸡屎矾……投苦酒中，涂铁皆作铜色，外层铜色，内层不变"，这里的鸡屎矾可能是碱式硫酸铜或碱式碳酸铜，它不溶于水，但可溶于醋（苦酒），因此放入醋中也可化铁为铜。

至迟在8世纪，中国人已开始用铁锅熬胆水制铜。唐末时人们将这种方法生产的铜称为"铁铜"。北宋时期，需要用大量的铜来铸币，胆铜法不需要消耗燃料，成本低，因此得到迅速推广。到了南宋，胆铜法生产的铜已经占到85%。宋哲宗绍圣年间的《浸铜要略》是世界上第一部湿法炼铜专著。

 12

"炉火纯青"是一种什么现象？

如今我们经常用"炉火纯青"形容一个人的技艺达到了纯熟完美的境界。这个成语原指古代青铜器铸造时需要掌握的火候。

青铜为铜与铅锡的合金，我国的青铜器铸造技术在商周时期已十分成熟。关于"炉火纯青"的最早记载来自《考工记》，这是春秋战国时期记述手工业各工种规范和制造工艺的著作。在青铜器的铸造过程中，需要先将合金放到熔炉内熔化，这时根据火候的不同，合金依次会发出黑浊、黄白、青白、青这几种不同的颜色。当出现青色的时候就可以进行浇铸了。这是我国古代最早关于光测高温技术的记录。

在青铜器的铸造过程中，对浇铸温度的掌握尤为重要，当温度过低或过高时都会造成器物的缺陷。由于熔炉中的合金随着温度的升高，所发出的可见光会从长波段向短波段推移，颜色不断变化，现代合金浇铸时就可以用专门的光学高温计来测量。而在这样的仪器发明之前，就需要工匠通过肉眼观察熔炉中合金的颜色，判断是否已达到浇铸所需要的温度。《考工记》中的描述便是对这一方法的如实记载。

商代青铜器四羊方尊

此后，这种技术又被炼丹家应用在炼丹的过程中，并逐渐引申出形容技艺纯熟的含义。例如清末曾朴的小说《孽海花》中就曾写道："到了现在，可已到了炉火纯青的气候，正是弟兄们各显身手的时期。"

 13

什么是"六齐"？

六齐是我国古代对青铜冶炼合金配比的描述。六齐一词最早见于战国时代的《考工记》，书中记载了制造六种不同器物所需要"金"和"锡"的配比，称冶炼青铜时如果锡的含量占到六分之一，就叫作"钟鼎之齐"；占五分之一时叫"斧斤之齐"；占四分之一时叫"戈戟之齐"；占三分之一时叫"大刃之齐"；占五分之二时叫"削杀矢之齐"；如果金锡各半则叫作"鉴燧之齐"。

《天工开物》中的铸鼎图

但是，从目前留存的青铜实物来看，六齐的记载与实际合金的成分有一定差距。其中只有"钟鼎之齐"较为接近，而其他几种器物的实际含锡量都比六齐的规定要低。而且这些器物中往往还含有六齐中未提到的铅。

对此人们提出了几种不同的解释，有人认为六齐中的"金"和"锡"在当时所指并不是一种金属，而是几种金属的通称；也有人认为在当时不同的地区合金配比并不太一样，《考工记》是齐国人所写，它记载的只是齐国当地的生产实际；还有人认为这是当时配料不纯，同时缺乏精确检测手段的结果；最后一种观点认为，六齐只是对当时青铜器铸造过程的大致归纳，实际操作中工匠会对合金的配比进行修正，例如适当降低锡的含量，再加入少量的铅，并不会抱着书中记载的比例不放。

无论如何，《考工记》中的六齐是世界上关于合金配比的最早记载。从中可以看出，当时的人们对合金成分与器物性能之间的关系已经有了较为深刻的认识。

 14

古人怎么炼制和使用黄铜？

黄铜是铜和锌的合金，它的用途很广，也是今天最常见的一种铜合金。最早的黄铜并不是古人有意识冶炼出来的，而是直接用铜锌伴生矿冶炼的结果，是一种偶然产物。在西亚和印度，至迟在公元前 4 世纪，人们就开始有意识地冶炼黄铜了。方法是把铜矿石和锌矿石一起放入密闭坩埚里，这样在冶炼的时候锌矿还原出的锌蒸汽就会渗入铜中。公元前 1 世纪，古罗马人已经使用黄铜铸造钱币。

与以上这些古代文明相比，中国人掌握黄铜冶炼技术要晚一些，这种技术大概是魏晋南北朝时期从波斯经西域传入中国的。在唐代，青藏高原上的吐蕃王国也已经掌握了黄铜冶炼技术。到了宋代，中国人普遍使用炉甘石来炼制黄铜。炉甘石的主要成分是碳酸锌，将其与铜和木炭混合，在密闭环境下冶炼生成黄铜。李时珍的《本草纲目》记载，用一斤铜和一斤炉甘石，可以炼出一斤半黄铜。

黄铜这个词早在西汉时期就已产生，但在元代以前，它指的不是铜锌合金，而是铜砷合金或纯铜，而铜锌合金被人们称作"鍮石"。到了元代，黄铜才开始指代铜锌合金，并在明代取代鍮石成了铜锌合金的专称。

明代后期，随着炼锌技术的进步，黄铜冶炼技术也随之发展，出现了直接用铜和锌炼制黄铜合金的技术。据宋应星的《天工开物》记载，将六斤铜和四斤锌放入罐中熔化，冷却后取出即为黄铜。

在明清时期，黄铜的一大用途是铸造钱币。《天工开物》称，铸造钱币时，需要注意的一个问题是锌在高温熔化之后会蒸发损耗。

15

白铜是怎么生产出来的？

天然铜是紫红色的，很软，铜与铅、锡等金属共同冶炼就可以生产出青铜，日常生活中见到的黄铜则是铜和锌的合金。而白铜，也就是白色的铜合金，主要出产于中国古代的西南地区。

白铜生产最早可以追溯到汉代。中国古代的白铜主要有两种，一种是砷白铜，一种是镍白铜。也就是铜砷合金和铜镍合金。砷白铜是从含砷较低的砷铜合金——砷黄铜发展而来。汉代的炼丹家将砷黄铜称为"药金"，将砷白铜称为"药银"。大约在东晋时期，人们开始炼制砷白铜，早期的方法是用雄黄或雌黄点制白铜，南北朝以后又改用砒霜点白铜。

砷白铜往往会因为其中的砷日久挥发而变黄，而镍白铜的稳定性较好，抗腐蚀。在明清时期，镍白铜的生产规模不断增大，产地主要是四川、云南两省。由于历史原因，这两省出产的白铜都被称为"云南白铜"。

由于云南白铜的外观和白银比较相似，因此在古代曾被用来冒充银子，流传至今的最早的镍白铜实物就是宋代的伪造库银。在明清时期，白铜还被用来制造墨盒等不锈日用器物。云南白铜的生产过程可以分成两步，首先是用铜矿石和镍矿石经过复杂的焙烧和熔炼过程生成铜镍合金，再配上纯铜、锌和黄铜，最终生产出铜镍锌三元合金。

18世纪以后，欧洲人也喜欢上了云南白铜，用它制作餐具和烛台等物品。欧洲化学家还分析出了白铜的成分，成功进行了复制并返销中国。云南白铜产业由此衰败了。

16

古人怎么炼铁？

铁是今天最常用的一种金属。在古代，人们最早使用的铁是陨铁，也就是从地外陨落到地球表面的天然铁。中国目前已知最早的铁器是出现在商代中期的铁刃，经分析发现它就是用陨铁锻打而成的。最早的炼铁方法是块炼铁法，它是指在800—1000℃的较低冶炼温度下对铁矿石固态还原而得到铁。这种方法炼出的铁质地疏松多孔，需要锻造才能使用。中国人大约在公元前7世纪掌握了这一技术。

块炼铁的含碳量低，经过渗碳处理后就成为钢，比如在木炭火中长时间加热，而且温度越高渗碳越快。这种制钢技术最晚在春秋晚期就已经广泛应用了。到了战国时期，人们又通过淬火热处理来增强钢的硬度。

约公元前6世纪，中国人就发明了生铁冶炼技术，生铁是在1100—1200℃下使铁矿石液态还原得到的铁，它的含碳量

《天工开物》中的生铁冶炼

高，熔点低，质地硬，适合铸造，也叫作铸铁。生铁冶炼技术的关键是提高炉温，在商周时代，中国人在冶炼青铜的实践中不断提高鼓风技术，使炼铜炉温升高，为冶炼生铁创造了条件。

早期的生铁是白口铁，它的铸件很容易脆裂。为了降低白口铁的脆性，战国早期出现了铸铁柔化技术，也就是用退火热处理的方式让白口铁中的与铁化合的碳成为石墨析出。铸铁柔化技术出现之后，到了战国中晚期，生铁已经大量应用于军事和农业生产。这一时期又出现了白口铁中夹有片状石墨的麻口铁。到了汉代，人们又生产出了性能更好的灰口铁。灰口铁中的碳以片状石墨析出，韧性、耐磨性和吸震性都更高。

17

古人炼铁用什么做燃料？

铁和其他金属的冶炼都需要消耗大量燃料，古代最早的冶金燃料是木炭，早在新石器时代就开始使用了，商代的青铜器和春秋战国时代的铁器都用木炭冶炼。木炭的优点是气孔度大，透气性能好，燃烧生成的一氧化碳在冶炼过程中可以将矿石还原为金属，同时转化为二氧化碳排出。使用木炭炼出的金属成分稳定，杂质少。用木炭的缺点也有很多，比如森林资源有限；燃烧时间短，冶炼时需要不断补充；消耗量大，冶炼1吨生铁需要至少4.5吨木炭；炉温到了一定程度就难以提高等等。

大概从魏晋时期开始，古人就将煤用于金属冶炼，至唐宋以后煤得到了广泛应用。元代时马可波罗来华，看到到处都在用煤作燃料，感到十分惊奇。煤比木炭耐烧，用煤冶炼可以显著提高炉温，节约木材，提高金属的产量。在古代的交通条件下，铁矿附近一定要有燃料来源方能发展冶铁业。用木炭炼铁必须在森林资源丰富的地方，如果森林砍光，冶铁业就会衰落。而用煤炼铁在这方面的限制相对较小。但煤也有缺点，比如灰分多、渣量多；铁质不稳定，硫、磷含量高；容易堵塞炉膛；透气性差等等。

正如木材可以先制备成木炭再使用，煤也可以在隔绝空气的条件下炼为焦炭。焦炭不仅保留了煤的优势，而且燃烧时挥发物少，透气性和燃烧性也更胜于煤，非常适合用于金属冶炼。中国是最早发明炼焦并用于冶铁的国家。明代方以智的《物理小识》就记载，用烟煤炼成的焦炭作冶炼燃料"殊为省力"。

18

炒钢是一种什么样的技术？

炒钢是用生铁作为原料，将其加热到熔化或半熔化状态，再通过鼓风和不断搅拌，借助于空气中的氧把生铁中所含的碳氧化掉，使其脱碳。既可以使生铁变为熟铁，再经过渗碳锻打成为钢，也可以把生铁的含碳量降低到一定程度，再锻打成为钢。这种工艺因为要经过搅拌，就被古人形象地称为"炒"。

炒钢工艺出现于西汉。目前关于炒钢最早的文献记载是成书于东汉的《太平经》。书中写道，先用铁矿石冶炼出生铁，但生铁是不能锻造的，只有炒成熟铁之后才能锻造成坚韧的钢制兵器。炒钢工艺的出现大大提高了钢的产量，对于生产工具的改进和钢制品的推广起到了重要作用

汉代以后炒钢工艺一直得到沿用。在数学著作《夏侯阳算经》中，还出现了两道与炒钢有关的算术题，问6281斤生铁可以炼出熟铁和钢各多少斤。

到了明代，炒钢工艺有了重大进步，人们将炼铁炉和炒钢炉串联作业，这样炼铁炉炼出的生铁水就可以直接流入炒钢炉中炒炼，免除了重熔生铁的步

《天工开物》中的炒钢（熟铁）

骤，既提高了生产率，又可以节省燃料。

清代以后，又出现了反射式炒钢炉。此前的炒钢炉只有一个炉缸，木柴、木炭和铁块都放在其中，炒钢时用木柴、木炭直接燃烧铁块并加以炒炼。而反射炉则分为燃烧室和熔池两个部分，燃料在燃烧室内燃烧，熔池只用来加热和炒炼铁块，燃烧室的火焰通过火道进入熔池。这样做的好处是，此前的炒钢炉只能用木柴或木炭作燃料，反射式炒钢炉却可以用煤燃烧，能保证煤中的硫不会渗到钢中。同时，反射式炒钢炉也容易清除灰分与杂质，得到的钢质量更高。

 19

"百炼成钢" 原指什么？

人们通常会用"百炼成钢""千锤百炼"来比喻长期艰苦的锻炼使人变得坚强。这两个成语都源自中国古代的一种炼钢工艺——百炼钢。这里的"炼"字并不是冶炼的意思，而是指锻打。"百"字则是虚指，并非一定要锻打一百次。

百炼钢技术最初源自渗碳钢技术的发展。工匠们在炼制渗碳钢时发现，对钢件反复加热锻打的次数增多，钢件会变得更加坚韧。汉代出现了炒钢和炒熟铁技术之后，人们便改用炒钢或熟铁作为原料反复锻打，百炼钢技术由此进入了成熟阶段。

在古代文献中，"百炼"一词最早出现于东汉末年，到了三国时期这一技术已经相当成熟，通常用来制作刀剑。曹操曾命令工匠制作"百辟利器"，孙权有一把宝刀的名字就叫作"百炼"。魏晋时期是百炼钢的鼎盛时期。唐宋之后，因灌钢工艺的发展等原因，百炼钢有所减少。

宋代的沈括在《梦溪笔谈》里对百炼钢的制作过程有较为详细的记载。说把"精铁"反复锻打百余次，每锻打一次都要称重，直到分量不再减少，即成为纯钢，颜色与常铁迥异。反复加热锻打是制作百炼钢的主要环节，锻打时可以用同一块料反复折叠锻打，也可以把相同或不同成分的料叠在一起锻打。这样不仅可以排除刚中夹杂，还可均匀成分、致密组织，有时亦可细化晶粒，从而极大地提高材料的质量。

20

古人怎么淘炼黄金?

黄金是重要的贵金属,中国古代很早就开始开采和利用黄金,在商代已经开始淘金,并用黄金制作金箔。

早期的黄金多来自天然金或自砂金矿中淘取。金矿在古代有"山金"和"砂金"之分。山金包括原生的脉金矿,以及部分次生的砂金矿;砂金则包括从水沙中淘得和平地掘井所得的次生砂金矿;山金中大块的叫作"马蹄金",砂金中大块的则叫作"狗头金""豆粒金"。

利用流水的作用将黄金从泥沙中淘选出来,是最基本的获取黄金的方法。中国古代的淘金工具包括淘金盘、溜槽和淘金床等。淘金盘呈船形,用木板做成。溜槽为长方形,其内挖成浅槽。淘金床是一个带竹筐的木架,筐下有刻槽的木板,先将矿砂倒入筐内,晃动木架同时用水冲洗,金砂即沉于木槽间,再扫入木盘内继续淘洗。

古代炼金的主要方法是用水银同金屑一起烧炼,水银成灰,金则成小粒如黄豆大,类似于现代的"混汞法"。金中一般混有银、铅等杂质,需要提纯,方法很多。比如将黄金与黄矾和盐一起加热,银和铅就转化为易熔物渗入灰中。或者用硫黄加热后与银生成脆性硫化银,经过锻打即可与金分离。还可以利用硝石与一些矿物同时加热产生硝酸,从而将金中的银溶出。最先进的方法则是用熔化的硼砂与银作用生成硼酸银,从而渗入土中。

21

什么是鎏金、错金、包金、贴金?

黄金不但美观,而且化学性质稳定,还具有良好的延展性,因此非常适合用作器物表面的装饰物。但黄金价格昂贵，因此古人一次只能用少量黄金，并创造出了多种黄金装饰技术。

鎏金技术是以金汞合金为原料在铜器或银器表面镀金的方法，这种技术出现于战国时期，在汉代趋于成熟。

鎏金的工艺原理在于，金可以溶解于汞中，成为糊状或膏状物质，叫作"金汞齐"。将金汞齐涂在铜器或银器表面，加热烘烤，等到汞蒸发之后，金就附着在器物表面而不脱落。经过鎏金之后的铜器或银器外观光彩夺目，还有良好的耐腐蚀性。对此，明末方以智的《物理小识》有详细记载："以汞和金，涂银器上成白色，入火则汞去而金存，数次即黄。"

王莽时期造"一刀平五千"金错刀

错金技术出现于春秋时期，是在金属器物表面预铸凹槽式纹样，将锻制好的金丝或金片剪成预留的尺寸，镶到凹槽里，再用工具压牢挤实，最后用错石打磨光滑。经过错金的器物表面光亮平整，金属本底与黄金纹饰之间有明显的分界。除了黄金之外，还可以使用银或红铜。

包金技术是将金箔用木钉或粘结性涂料包裹在器物表面，这种技术在商代就已出现。在包金的基础上，人们使用更薄的金箔，改进粘结材料和制作工艺，到了战国时期又发展出了贴金技术。除了金属和非金属器物，贴金技术还应用在建筑物、衣物和皮革制品的表面。比如，马王堆汉墓出土的衣服和敦煌石窟中都出现了贴金。

22

古人怎么炼银？

银也是一种贵金属，但是银矿的品位一般比较低，据《魏书·食货志》记载，当时长安的骊山银矿含银量约为千分之二，山西大同的白登山银矿更低，只有约万分之五。因此，古人为了把银从品位低的矿石中分离出来，就把炼银分为两步。首先是加入铅，利用铅和银互溶的特点炼出含银的铅，然后再把银从铅中分离出来，方法是向其中吹气，使得铅氧化成铅灰。这种方法就叫作"灰吹法"。

沉铅结银图

《天工开物》中
的沉铅结银图

在埃及和两河流域的古代文明中也出现了灰吹法。中国现存的汉代银器中有的含有少量的铅，这可能就是使用了灰吹法的结果。有关灰吹法的最早记载是东汉末年的炼丹著作《出金矿图录》，此后历代关于灰吹法的记载很多，明代陆容的《菽园杂记》对炼银工艺的记载最为详细。

首先将矿石捣碎成粉末，放入桶中加水反复搅拌，使矿末分层。再用水盆淘洗，得到精矿粉。然后用米糊将精矿粉做成一个个圆团，放入炉中烧结成为窑团。在炉中放入铅烧化，再放入窑团，用力鼓风，加强火力，银和铅就会一起沉入炉底，叫作"铅砣"。在适当的时候打碎炉子，取出铅砣。然后在地上用干净的炉灰制作浅灰穴，将铅砣放入灰穴内，放入炭后再次冶炼，铅就会从铅砣中排出，剩下提纯之后的银。

宋应星的《天工开物》对炼银的工艺也有记载，还附有两幅图，描绘了熔炼银铅合金和用灰吹法提银的场景。

23

古人怎么生产水银？

　　水银又叫作汞，是一种常温下呈液态的金属，它在古代社会生活中有很多应用，还受到炼丹家的青睐。那么古人是怎么生产水银的呢？

　　自然界中最常见的汞矿石是硫化汞，因为它外表呈红色，可以用作颜料，在中国古代被称为朱砂、丹砂。朱砂在空气中可以缓慢氧化生成汞，但是产量很低，而且因为汞本身的流动性，会顺着石缝下渗，很难获取。于是，古人发明了用朱砂制汞的技术，并不断加以改进。

　　最简单的方法是直接将朱砂在空气中低温焙烧生成汞。但这种方法有明显的缺陷，由于汞的沸点只有 356.7℃，在焙

《天工开物》中的炼水银

烧的过程中会大量蒸发，还可能导致操作者汞中毒。于是在汉晋以后，人们改用在密闭环境下高温分解朱砂的方法。

　　首先准备两个釜，一个釜中放入朱砂，另一个釜则倒扣在上面，再将两釜的接缝处密封。这样加热时汞蒸气就会冷凝在上釜较冷的内壁上。这种方法沿用至唐初，但它也有缺陷，上釜内壁聚集的汞过多的话就会滴落到下釜中。

　　唐中期以后，人们又将汞的收集器皿转移到焙烧丹砂的容器下面。比如可以将一个铁罐储水埋入地下，将另一个开有小孔的铁罐放在上面，里面装上朱砂和炭屑（起还原作用）焙烧，生成的汞就会流入下罐的水中。

　　最后一种方法是宋代出现的蒸馏法，即将汞蒸气用管子导引到加热炉之外

的储水容器中冷凝。这种方法生产规模大，产率高，自出现以后迅速得到推广，至明末其他方法已基本被淘汰。宋应星在《天工开物》中就只介绍了蒸馏法，而对其他方法只字不提。

古人怎么炼锌？

《天工开物》中的炼锌

锌在自然界中是仅次于铁、铝、铜的第四常见金属元素。但是，与这几种金属相比，锌的冶炼难度很大，因此在古代人们对锌的认识比较晚。全世界最早炼锌的国家是印度，中国的炼锌术比印度出现得晚，具体起源于何时目前尚不清楚。

明代宋应星的《天工开物》中保存了中国古代炼锌工艺的最早记载，并配有图片。当时的人称锌为"倭铅"，炼锌最多的是山西太行山区，其次是湖北、湖南两省。清代锌的产地集中在我国西南地区。中国产的锌锭在明末开始向欧洲出口。《天工开物》中描述的炼锌的装置是泥罐，方法则是蒸馏。这种炼锌工艺代代相传，直到20世纪仍在使用。

传统的炼锌炉为长方形，大小不一，大的可装反应罐一百多个，小的可装几十个。反应罐的形状像一个倒置的炮弹壳，罐内装碳酸锌矿石和木炭或煤粉，在口部安装碗状冷凝槽或冷凝筒。冶炼的过程中，碳酸锌会分解为氧化锌和二氧化碳，二氧化碳又与木炭反应生成一氧化碳，一氧化碳再把氧化锌还原为锌。

炼锌炉的冶炼温度在 1000—1200℃，而锌的沸点只有 907℃，因此炼出的锌会沸腾成为蒸气。锌蒸气上升到罐口，经过冷凝装置收集成为锌锭。

中国和印度古代的炼锌术在技术上有较大差别。中国炼锌术采用上冷凝的方式，印度炼锌术采用的则是下冷凝的方式。因此，中国的炼锌术应该不是从印度传入的，而是独立发展出来的。

 25

古人怎么冶炼和使用铅和锡？

铅和锡是两种熔点很低的金属，铅的熔点为 327℃，锡的熔点为 232℃，都很容易提炼。因此这两种金属在很早就被人类认识和使用了。铅和锡都可以与铜铸成青铜合金，早在公元前 3000 年左右，中国人已经开始制作锡青铜，公元前 2000 年左右则出现了铅青铜和铅锡青铜。在清代，云南个旧出产的锡名扬天下。人们还用铅锡合金作焊料。

在东汉魏伯阳的炼丹著作《周易参同契》中，出现了中国最早的关于炼铅技术的记载。方法是将碱式碳酸铅（称为"胡粉"）投入火中，受热分解为氧化铅，再还原就得到铅。明代宋应星的《天工开物》记载了三种不同的铅矿。第一种是和银伴生，叫作银矿铅，以云南分布最多；第二种和铜伴生，叫作铜山铅，以贵州分布最多；第三种是不和其他矿物伴生的铅矿，叫作草节铅，以四川的一些地方分布最多。宋应星还认为，虽然铅的价值较低，但是变化繁多，

《天工开物》中的炼锡炉

有黄丹、白粉等化合物，还能熔于银、锡等金属。由于铅的用途广泛，因此有"五金之祖"的称号。

《天工开物》还记录了锡矿的开采和冶炼技术。锡矿分为山锡、水锡两种，山锡是从矿坑中挖出来的，而水锡则是从河泥中捞出。炼锡的过程中，常加入铅来降低锡的熔点，这样就便于和炼渣分离。如果铅加得太多，就需要提纯，方法是加入醋酸，锡中的铅就会生成醋酸铅，它的熔点高于锡，可以化成灰后除去。

古人怎么炼制砷?

利用含砷矿物在中国古代有十分悠久的历史，常用的含砷矿物包括砒石、雄黄、雌黄等，它们经过煅烧分解，升华出的物质就是砒霜，即三氧化二砷。砒霜如果与木炭、油脂、松香等富含碳的物质混合加热，就会析出单质砷。除此之外，雄黄和雌黄与铁、锡等金属一起加热也会析出单质砷。这些反应并不复杂，我国古代的炼丹家在炼丹的过程中便提炼出了单质砷。

东晋炼丹家葛洪在《抱朴子·内篇》中，列举了六种处理雄黄的方法。其中第六种是用硝石、猪大肠和松脂与雄黄共炼，葛洪认为生成物是白色的砒霜。其实，根据现代模拟实验，这个反应还会生成单质砷，只是葛洪没有将其记录下来。

唐代的孙思邈也在处理雄黄的过程中分离出了单质砷。他用雄黄与锡合熔，再将产物捣碎后放入坩埚中密闭加热。雄黄与锡合

《天工开物》中的烧砒图

熔会生成硫化锡与单质砷的混合物，在密闭加热的时候单质砷升华，就会凝结在坩埚内壁上。但是与葛洪的情况类似，孙思邈也未意识到这是一种新的物质。

终于，在南宋时期，炼丹家们在改进砷白铜工艺的过程中开始有意识地制取单质砷，并对它的形态和性质进行了描述。成书于这一时期的《丹阳术》中记载了一些制备单质砷的方法，比如有一种"葛仙翁见宝砒"法，是用一些含碳的中草药与砒霜合炼，反应的产物就是"色如银"的单质砷。

什么是"失蜡法"？

失蜡法是古代的一种金属铸造工艺，它的原理属于现代铸造技术中的"熔模铸造"。方法是先用蜡制模，外敷以造型材料，成为整体铸型，然后加热将蜡化掉，形成空腔铸范之后浇铸。长期用于铸造形制复杂和造型精美的器件。

失蜡法形成蜡模的工艺有"由外而内"和"由内而外"两种。前者是指先从实物翻制分块的黏土模型，在模型内面贴蜡，制成蜡芯，然后卸去黏土模型，将蜡芯修成蜡模，称为"贴蜡法"。后者是指先制作型芯，再在上面作蜡模。具体又分为"剥蜡法"与"拨蜡法"两种工艺。剥蜡法多用于制作形状规则、花纹整齐、批量大的器件，如钟、鼎等；拨蜡法多用于形状花纹比较复杂、

战国时期失蜡法制作的曾侯乙尊盘

少量或单件的器物，如佛像、动物等艺术类铸件。

中国现存最早的失蜡铸件出现于春秋晚期。从春秋晚期到战国时期是中国失蜡法铸造的辉煌时代，以长江中下游地区成就最大。魏晋南北朝时期铸造佛像逐渐增多，其中有一部分就是失蜡铸件。唐初铸造开元通宝时也使用了失蜡法。清代宫廷手工业如内务府造办处铜作，仍以失蜡法为制作艺术铸件的主要方法。

失蜡法出现在文献中较晚，最早见于东晋葛洪《西京杂记》关于汉代铸造博山炉的记载。南宋赵希鹄的《洞天清禄集》简要介绍了失蜡法的工艺全过程，是目前世界上最早的失蜡法铸造技术文献。明代宋应星《天工开物》则记载了失蜡法铸造大型器物的工艺流程。

什么是叠铸法?

叠铸法是古代创造的一种小型铸件大批量生产技术，也叫"层叠铸造"，具体方法是将多层铸型叠合，组装成套，再通过共用的浇口和直浇道灌注金属液。在中国，叠铸法起始于春秋战国时期，是在陶范铸造技术的基础上发展而来的。

最早的陶范铸造是一型一件，商代中期已出现一型两件或多件，至春秋战国时期出现了多浇口卧式多层铸范。方法是将单面范横向组装在一起，这样就可以一次浇注多个铸件。但由于浇口是分开的，仍然存在浇注费时、金属液的温度难以保持等缺点，对此再加以改进便出现了叠铸技术。

叠铸法由于采用了共用的浇口和直浇道，一次就可浇出许多铸件，因此最适用于钱币等小型铸件的大批量生产。战国时期的齐国已开始使用这一技术成批铸造青铜刀币。在西汉时期，叠铸法是铸造钱币所用方法的一种，并在王莽晚期取代金属范成为了主要方法。有的叠铸范一次就可以铸上百枚钱币。此外，至迟在王莽时期，叠铸法开始用于铸造车马器和装饰品。

叠铸技术在东汉日臻成熟。使用叠铸法时要先制作金属样模，然后制作泥模和浇铸金属模盒，再用金属模盒翻制泥子范，然后将子范分层叠合成套并涂泥，入窑烘烤，趁热取出浇铸，最后破范取器。魏晋南北朝时叠铸法仍被广泛应用，唐以后，钱币已改用砂型铸造，但其他小型铸件的大批量生产仍然要用到叠铸法。

叠铸法在现代仍用于活塞环、缝纫机零件及齿轮等小型铸件的大批量生产。

中国人是怎么发明瓷器的？

我们通常说的"陶瓷"是指用陶土或瓷土烧制而成的器物。在历史上陶器先于瓷器出现，世界上许多文明都独立发明了陶器，而瓷器则是中国人最早发明的，并对世界产生了深远影响。

当人类认识并开始利用火之后，逐渐发现黏土具有两种特性，一是掺水后可以塑造出各种形状，二是经过火烤后变为耐火物质。久而久之人们便用黏土制成器物的形状用火烧烤，原始陶器便产生了。

新石器时期彩陶

一般认为，瓷器与陶器的区别在于，其胎料必须是瓷土，瓷土的主要成分为高岭土，并含有石英石、长石、莫来石等成分，含铁量比陶土低；烧造温度必须在1200—1300℃；胎色白，胎体不吸水，具有透明或半透明性；表面的釉质必须是与胎体一道烧成的玻璃质釉；胎体致密坚实，敲起来有清脆的金属声响。

在新石器时代晚期，中国出现了用瓷土烧制的灰陶器物，此后人们把烧造的温度提高到1000℃，烧制出的陶器质地坚硬，胎质为白色，已经接近原始瓷器，但表面无釉。商代时已普遍出现青釉器物，它已经具备了瓷器的各种标准，与此前的陶器有质的区别，但制作工艺尚不成熟，因此被称为"原始青瓷"。

成熟的瓷器至迟出现在东汉。其釉质中的铁经高温烧制后呈现青绿色或青黄色，以浙江上虞小仙坛瓷窑所产青瓷为代表，其烧结温度在1260—1310℃。此外宁波、绍兴、广东等地也出现了墨釉瓷器，这一时期的瓷器被称作"汉瓷"。

 30

馒头窑和龙窑都有哪些特点？

《天工开物》中的瓷器窑

烧制陶瓷需要有合适的窑，窑的结构也是衡量陶瓷工艺水平的重要标准。

早在新石器时代晚期，我国就已经产生了窑室呈圆形的窑，经过不断改进，到春秋末期至战国时期出现了馒头窑。这种窑的火膛和窑室合为一个馒头形，因此得名。窑的一端开设火门，与火门相平的窑身内筑有窑床，坯体放在窑床上烧制。窑床前部有火膛，与火门相对的另一端开有烟囱。点火后，火膛发出的火焰先窜到窑顶，在烟囱产生的抽力作用下再倒向窑底，流经坯体，最后由烟囱排出。这使得窑内的温度更加均匀，并且提高了烧成温度。

战国至秦汉时期，我国南方地区出现了龙窑。龙窑的窑身呈长条斜坡状。最低的一端是火膛，最高的一端设有烟囱，好像火龙自上而下，因此得名。由于龙窑有一定的高度差，因此自然抽力大，升温快，为烧成瓷器提供了条件。而且烧完之后降温也快，这样就可以达到速烧的要求，可以烧出坯胎较薄、黏度较小的瓷器。而且龙窑内部空间大，可以装更多的器物。正是借助龙窑，至迟在东汉，中国人成功烧制出了瓷器。

我国南北方由于地域的不同，烧制陶瓷的坯料和釉料质地都有差别。因此，对烧制工艺和窑型结构也有不同的要求。在北方地区多使用易于控制温度升降、保持窑室高温的馒头窑。而在南方地区多使用可以快速升降温的龙窑。这两种窑各自不断改进，南北两种风格互相影响，在宋代以后又出现了阶级窑、葫芦形窑、蛋形窑等新结构。

 31

什么是分段烧成法？

龙窑的出现为瓷器的产生创造了条件。虽然龙窑有很多优点，但也有一些缺点。由于火焰流速快，热损失较大，耗费燃料。而且，首尾温差较大，由于窑床尾部远离火塘，温度不够，导致这个位置的坯件得不到充分焙烧，次品率较高。为了避免这个问题，人们只好把窑身缩短。但是又要保持产量不减少，就只能同时把窑身加宽，但这又造成窑顶跨度大，容易垮塌。而且由于窑室建得很矮，工匠装卸器物的劳动强度很大。

到了魏晋时期，龙窑的结构出现了重大改进，这就是分段烧成法。它是在窑顶或窑室两侧开设投柴孔，这样就可以保证窑室各位置的温度都达到要求，龙窑的长度就可以根据实际需求增加。窑身加长还能提高热效应，节省燃料。同时，由于可以用窑身的长度而不是宽度来保证产量，宽度就可缩小，这可以让窑室内部温度更加均匀，也不容易垮塌。改进之后，窑身增高，火力均匀，坯件可以大批量叠放在窑室内焙烧，人们发明了各种辅助窑具来摆放坯件，大幅度提高了产量，工匠装卸器物也很方便。

分段烧成法出现之后，龙窑的窑身就向狭长发展，倾斜度越来越合理，逐渐趋于定型。

32

古代的陶瓷制坯技术有哪些？

陶瓷制造的第一个环节是制坯，它是将选择好的坯料加工精制成型的过程。

陶瓷坯料的成分包括黏土、长石和石英等矿物质，其中黏土是主要成分。早期人们在制陶时的成型工艺为手制成型法。对于小型器物，多采用手捏塑坯胎，制作出的器物外壁留有指纹，器形也不规整。后来人们又用模子来制作特殊器物，或者将坯泥制成泥条，然后在模子外面从下向上一圈圈盘筑，拍打抹平之后成型。像缸这样的大型的圆形器物一般采用这种方法。

随后出现了拉坯工艺，也就是将泥料放置在特制的陶轮上，借助陶轮的快速旋转提拉泥料使之成型。这种方法制造的陶器外形规整，厚薄均匀。东汉时期，出现了陶车，它是一种制作圆形器物的便捷工具。陶车的主要部件是用圆木板制成的旋轮，通过复杆的波动使旋轮保持快速而持续的旋转。拉坯时，将泥团放置在旋转中心，通过陶工的双手和弧形刮板制造出所需的器形。陶车的出现使坯胎的器形更为规整，还大大提高了生产效率。此后，用陶车手工拉坯的技术在中国沿用了上千年。

到了明清时期，陶瓷的制作工序更加细分，成型工艺可分为徒手成型法和器械成型法。徒手成型法又可细分为堆、捏、雕、塑四种技法，它的特点是制作出的器物工艺性较高，但工效很低。器械成型法方面，在陶车的基础上又产

《天工开物》中的陶车

生了旋车，它与陶车的区别在于，旋轮中心多了一个木桩，其顶浑圆，包以丝棉。使用时可以修正坯壁，使器物光滑平整。

33

古代的陶瓷釉料都有哪些？

釉是覆盖在陶瓷制品表面的玻璃质薄层。釉料中含有大量溶剂，这样可以降低釉的熔融温度。在煅烧时，釉料完全转化为液相。随着温度下降形成连续的玻璃质层，或玻璃体与晶体的混合层附着于坯体表面。釉的表面平滑光亮，可以增加器物的美感，还能提高器物的机械强度、热稳定性和耐腐蚀性。

在商周时期，随着制陶窑温的提高，一些器物表面局部会出现一层极薄的光亮面，这就是天然釉。而且，在窑壁上也会出现一些玻璃质物体。工匠们受这些现象的启发，经过长期实践，终于发明了釉。

《天工开物》中的瓷器过釉

如果在釉料中加入某些氧化金属，经过焙烧之后就会呈现出不同的颜色，这叫作颜色釉。影响颜色釉色泽的除了色剂本身之外，还与釉料的组成、研磨细度、烧成温度和烧成气氛都有关系。颜色釉又可分为高温色釉和低温色釉两种，高温色釉是将釉料涂在生坯上，入窑高温一次烧成的。低温色釉则要涂在已烧成的器物上，再次放入窑中在较低的温度下烧成。中国传统的颜色釉主要包括青釉、黑釉、白釉、青白釉、红釉、绿釉、黄釉、蓝釉等等。

中国的陶瓷釉料以石灰釉为主，它的特点是高温黏度比较小，易于流动，釉层比较薄，透明度很高，光泽很强，硬度高。到了南宋时期，龙泉窑又在石灰釉的基础上发明了石灰—碱釉，主要用来配制釉色或胎色较深的制品。它的特点是高温黏度大，不易流动，釉层加厚，器物外观比较饱满。低温色釉是以氧化铅为熔剂，特点是釉面光泽强，表面平整光滑，釉层清晰透明，硬度较低。

 34

唐三彩是怎么制作的？

唐三彩是低温釉陶器的一种，盛行于唐代，一般用作随葬用的冥器。其釉色包括黄、绿、褐、蓝、黑、白等，其中以黄、绿、褐三色为基本釉色，因此得名唐三彩。

唐三彩在汉代低温铅釉的基础上发展而来。其釉料中的助熔剂是铅的化合物，在约700℃就开始熔融，因此叫作低温釉。汉代低温铅釉的主要着色剂为铜和铁，其中铜在氧化后呈现翠绿色，而铁则呈黄褐色和棕红色。

唐三彩的出现是铅釉陶制作工艺的飞跃。它的胎骨有红色陶土胎和白色瓷土胎两种，后者居多。制坯成型晾干后先入窑素烧至1150℃左右，取出之后施釉，然后再入窑烧至800—900℃。唐三彩的着色剂除铜、铁外，还包括钴、锰、锑、铬等，经焙烧后呈现不同的色调，如氧化钴呈蓝色，如果不加着色剂则呈白色。

唐三彩的施釉方法包括分区施釉法、点染融彩法和加彩贴金法。分区施釉法是在不同部位涂上各种釉色；点染融彩法包括彩点、彩带和彩块三种形式；加彩贴金法是用朱、黑、赭等色勾画出人物的五官和帽饰以突出局部效果，有的还贴金。在焙烧过程中，不同颜色的釉料在胎体表面向四周扩散，互相交融，形成斑驳瑰丽的三彩釉。

为了增强人物形象的质感，烧制完成后的三彩人俑还要经过一道"开相"工序。人俑头部在烧造时多不施釉，开相时用朱色涂唇，用墨色画眉毛、眼睛、头发等。足部的鞋子也多不施釉，只用墨涂黑。

35

"各色釉彩大瓶"的烧造难度在哪里？

清代乾隆朝的瓷器追求富丽堂皇的装饰效果，采用华丽的装饰釉色，对工艺的难度和奇巧的追求可以说空前绝后。其中最具代表性的一件瓷器是集历代多种工艺和技术于一器的"各色釉彩大瓶"。

各色釉彩大瓶高 86.4 厘米，全瓶从上到下共分 16 段釉彩，包括金彩、紫地粉彩、绿地粉彩、青花、仿哥、松石绿、仿钧窑变、斗彩、粉青、洒蓝描金、珐琅彩、仿古铜、红地描金、仿官、绿釉和酱地描金，加上器里与底款的颜色则有 18 种之多。腹部饰 12 个霁蓝地描金开光，内中彩绘吉祥图，其中 6 幅为花卉、蝙蝠、蟠螭、如意、万字带等组成的寓意"福寿万代"的图案，另外 6 幅为"三阳开泰""丹凤朝阳""太平有象""吉庆有余"，以及楼阁山水、博古图等。

各色釉彩大瓶

各色釉彩大瓶采用分段烧成，然后粘合，衔接处涂以金彩。但其制作难点并不在于胎体的套装组合，而在于各部分包含如此众多的釉、彩，配方及烧成温度都不相同，例如红釉用铜呈色，青釉用铁呈色，釉下彩的青花用钴氧化物呈色，釉上彩的金和胭脂红用金呈色等等。因此就需要按釉下、釉上及高温、低温的不同要求在 600—1300℃的温度下进行烧制，还要分别设置还原或氧化的不同烧成气氛。只要其中有一道工序出现纰漏，就会导致总体的失败。

虽然这种风格也被人批评为繁缛堆砌、矫揉造作，但其巧夺天工的烧造技艺却是不可否认的。

古人怎么制作玻璃?

如今生活中常用的玻璃是钠钙玻璃,中国古代最早的玻璃却是铅钡玻璃。在战国时期的遗迹中就有大量铅钡玻璃出土。

中国出产的铅矿石主要是方铅矿(硫化铅),方铅矿常与重晶石(主要成分为硫酸钡)共生。这种共生矿物经过氧化焙烧,得到的煅矿灰中包括氧化铅和氧化钡,以它们为原料与石英一起熔炼,就可以生成铅钡玻璃。

在春秋战国时期,人们在氧化焙烧方铅矿制取铅的时候,一般会使用陶质容器。氧化铅生成之后,与陶质容器内壁的黏土成分接触,在900℃左右就会生成一层铅釉。这种釉润滑光亮,脱落后看上去很像玉石,因此古人就开始有意识加以研究,最终制造出了铅钡玻璃。

但是,早期的方法由于烧制温度低,制造出的玻璃有大量气泡,且含有钡,透明度较差。此后,古人又尝试使用提纯后的金属铅,制造出了更加光洁晶莹、更像玉石的无钡玻璃。

虽然中国古代的玻璃制作工艺起源很早,但发展缓慢。自始至终属于低温铅钡玻璃,其应用范围十分有限,主要用来制作礼器、装饰品,以及冒充珍珠和玉石。由于质地轻脆易碎,且不耐高温,传统玻璃很少用来制作饮食器皿。

钠钙玻璃传入中国之后,曾引起人们的很大震惊。由于其与中国传统玻璃的差异很大,人们甚至不知道它们是同一类物质。大约在5世纪中叶,由于钠钙玻璃制作技术的传入,中国人便不再把它视为奇珍异宝了。

什么样的香炉可以放在被子里?

　　古人为了驱赶蚊蝇和去除异味,喜欢在室内焚香。尤其是一些达官贵人,还会把点燃的香放在被子里熏被。这就产生了一个问题:把香放到被子里,就不怕把被子点着了吗?即使烧不到被子,如果把香炉碰倒,香灰也很容易撒到床上。为此,古人专门发明了一种"被中香炉"。

　　被中香炉的外观是一个镂空的球。在香炉中央有一个用来盛香的半球形炉体,而球形外壳与炉体之间有两到三层同心圆环。这种香炉的奥妙在于,无论香炉如何在被子里滚动,炉体总是保持水平状态。为了实现这个目的,炉体两端的转轴支承在最内层圆环的两个径向孔内,而最内层圆环又用同样的方式支

被中香炉

撑在外面一层圆环上，最外层圆环则支撑在球形外壳上。每一层都能自由转动，且支承轴线依次互相垂直，各环彼此制约。这就相当于将炉体吊在了香炉中央，通过重力的作用，不论球壳如何滚动都丝毫不会影响炉体的水平状态，既不会烧到被子，又不会让香灰洒到床上。

目前所见最早关于被中香炉的记载出自晋代葛洪的《西京杂记》。基于同样的原理，有人制作了女性佩戴的"香球"，内装香料。还有一种舞龙用的"灯球"，无论舞者怎样舞动灯内的油脂都不会溅出来。

被中香炉的这种设计原理在后来得到了许多重要的应用，被称作"万向支架"，它是如今在航海、航空、航天等领域中广泛使用的陀螺仪的关键部分。

古人怎么给织物染色？

染色是制作衣物的一个重要步骤。

中国古代使用的染色剂主要包括植物和矿物两大类。用植物染料为织物着色，古代称"草染"。早在先秦时代，植物染料就有茜草、蓝草、紫草等许多种。当时齐国盛产紫草，据《韩非子》记载，齐桓公喜欢穿紫色衣服，导致全国的人都喜欢穿紫色，紫色织物的价格比素色织物贵五倍还多。用矿物染料为织物着色，古代称为"石染"，使用的矿物主要有朱砂、赤铁矿粉、石黄、石绿等。

先秦时代，就有专门的官员负责管理织物染色。由于染料制取水平的限制，那时候的染色工作是根据季节来安排的。人们根据染料化学性质的不同，以及织物和纹样的要求，创造出了多种染色工艺，比如线染、匹染、多次浸染法、媒染法等。

线染和匹染是按照染色的时间划分的。线染是在织之前先将线染成不同的颜色，而匹染则是先织好素色织物再染色。

多次浸染法的原理是织物染不同的次数会得到不同的颜色，据《尔雅·释器》记载，三次浸染分别可以染出橙红、浅红和绛红三种不同的颜色。后世将这一工艺发扬光大，有的颜色甚至要染七次才能出现。

媒染法是借助其他物质（叫作"媒染剂"）进行染色。一些染料与某种矿物或植物媒染剂结合可以染出不同的颜色。比如茜草用明矾作为媒染剂可染出赤、绛等色，紫草用明矾可染出鲜艳的紫红色，荩草用铜盐可染出鲜绿色。

 3

"青出于蓝"是怎么回事？

如今我们常用"青出于蓝"比喻学生超过老师或后人胜过前人，这句话的原意是说青色是从蓝草里提炼出来的，但颜色比蓝草更深，语出战国时期的《荀子·劝学》："青，取之于蓝而青于蓝；冰，水为之而寒于水。"

染料植物的栽培和利用开始于春秋时代，那时的人们对染料植物的生长习性、收获时间和色素提取方法就有了较深入的了解。战国时代染蓝技术已十分成熟，使用的靛蓝色素在蓝草中普遍存在，以蓼蓝所含最为丰富，因此成为了最主要的人工栽培品种。

蓼蓝一年可两收，即六、七月及九、十月间。《礼记·月令》记载，当时有规定，仲夏时不得采摘，以免影响蓼蓝生长。先秦时人们直接采摘新鲜蓝叶取汁上染，因此受到季节限制。在实践中染匠摸索发现，蓝草收割后可以先制成泥状的靛块储存，待要染色时再行处理，这样一年四季随时都能染色。

北魏的《齐民要术》是世界上最早的造靛技术文献之一，记载了如何使用碱剂还原法造靛，此法不但加快了速度，还可获得较好的染色牢度，其制靛蓝和染色的工艺与现代合成靛蓝的染色机理几乎相同。明代的《天工开物》对蓝草的种植、造靛和染色工艺又做了进一步总结和阐述。

靛蓝染色可得到浓艳的蓝色，且较稳定持久，与其他植物染料配伍性强，深受人们喜爱，至今一些地方仍然保留着传统的染蓝工艺。

《天工开物》刊行之后，不但在我国产生了广泛的影响，还流传到了日本，在19世纪又被译成法文介绍到了西方。

 5

古代中国人怎样制作指南针？

指南针古称司南，是中国古代四大发明之一。在一般人的印象里，司南的形象是一把放在方形金属盘上、用磁石做成的勺子。其实这一形象远不能代表古代中国人在指南针方面的成就。

关于勺子状指南针的描述出自东汉王充的《论衡》。其实这种形状的指南针用起来效果不会太理想。原因首先在于天然磁石磁性弱，怕震动磕碰，在磨制成磁勺和使用的过程中很容易失磁。圆弧状勺柄的指向精度也有限。另外，厚重的磁勺与金属盘之间会有比较大的摩擦力，也会影响指向的效果。因此古人长期使用的指南针不可能是这种形态。

指南针技术的一项重大革新是用人工磁铁代替天然磁石。北宋的《武经总要》就记载了一种利用地磁场制作"指南鱼"的方法：将薄铁片剪裁成鱼形放到火中烤，通红时取出，首尾正对南北方向，鱼尾偏下浸入水中，即可制成指南鱼。使用时将一碗水放在无风处，将指南鱼平放在水面上漂浮，鱼头就会指向南方。

沈括的《梦溪笔谈》则记录了另一种更为简捷有效的制作人工磁铁的方法，即用天然磁石在铁针上按一个方向反复摩擦，使其磁化。磁化后的铁针直接就成了指南针，其退磁因子小，指向精度高，因而得到了普遍的应用。后来人们将指南针插入灯芯草之类的浮体里，再放进水室中加以

水浮法指南针

密封，就成为了明清时期广泛使用的水罗盘。此外在南宋还出现了旱罗盘，是在木龟里安放一根指南针，下面再用另一根针将木龟支撑起来。

火药是怎么发明的？

《明宪宗元宵行乐图》中的鞭炮

火药是中国古代四大发明之一。古代的火药如今称作"黑火药"，是硝酸钾（硝石）、硫黄和木炭三种粉末的混合物，燃烧起来相当猛烈。因为硝酸钾是强氧化剂，而炭和硫黄都极容易发生氧化。它们混合燃烧时氧化还原反应迅猛进行，可以放出高热和大量气体。如果混合物放在密闭的容器中就会发生爆炸。

火药的发明源自历史上的炼丹术。炼丹家在炼丹的过程中逐渐积累了关于硫黄和硝石的知识。火药具体是什么时候发明的如今已经无从查考。唐代孙思邈的《丹经》中记载的"伏硫黄法"，是目前发现最早关于火药配方的记载。硫黄的化学性质比较活泼，难以控制，为了改变这种特性，需要对它进行"伏火"处理。方法是取硫黄和硝石各二两，研成粉末置于罐内，埋入地下，将三个皂角子点着后依次从罐口放入引燃，待火灭后用生熟木炭三斤放在罐口燃烧，炭消三分之一时退火。

理论上运用这种方法已经有爆炸的可能，需要格外小心。但可能是由于纯净度和配比的原因，一开始还只是产生焰火而不爆炸。后来炼丹家们不断改进，真正的火药就问世了，大约在唐代末期，火药已经应用于军事。起初用于制作燃烧型武器，后来逐渐发展到威力更大的爆炸型武器。

 7

指南车是怎么指南的?

指南车又叫司南车，是中国古代一种可以指示方向的车辆。车上有一木人，木人的一只手指向前方。车辆在行进时无论怎样转向，木人的手始终指南。

关于指南车的起源，有一个著名的传说：黄帝与蚩尤在4000多年前曾在涿鹿大战，蚩尤能作大雾，使黄帝的军队迷失方向，于是黄帝制造指南车为士兵领路，并最终战胜了蚩尤。另一个传说则说，西周初南方的越裳氏派使臣进贡周天子，迷失了归路，周公因此造指南车为他们引路。

指南车

指南车的原理与依靠地磁效应的指南针完全不同，它是依靠机械传动系统来指明方向的。指南车在出发前要依靠人力矫正木人的指向。在行进中，当车辆转弯时，则依靠车内的机械传动系统带动木人，使其向车辆转动的相反方向转动相同的角度，由此保证木人手指的方向不变。

关于指南车真正出现的时间，目前人们的看法不一，大致范围在西汉至三国时期。历史上每逢朝代更替，旧王朝的指南车往往遭到破坏，新王朝只能重新研制，因此各朝代的指南车构造不尽相同。南北朝时期的祖冲之就曾重造过指南车。目前的研究认为，指南车的机械传动系统可能采用了定轴轮系或者差动轮系。

由于指南车的精度并不高，使用时会受到道路质量等因素的影响，导致误差不断积累，实际上并不能像指南针那样用于定向，只能在皇帝出巡时作为仪仗车使用。

计里鼓车的原理是什么？

计里鼓车，又称记道车、大章车，是中国古代用来记录行进距离的一种车辆，构造与指南车相似。除了记录行进距离外，也同样在皇帝出巡时作为仪仗车使用。最早关于记道车的记载出现在汉代刘歆的《西京杂记》中。此后，这种车辆增加了行一里路敲一下鼓的装置，于是就有了计里鼓车这个名字。

对于计里鼓车的构造，《宋史·舆服志》中有详细记载。车有上下两层，每层各有一个木人。车每行一里路，下层木人敲鼓一下，每行十里，上层木人敲铃铛一次。计里鼓车能够记录行进距离，是靠内部的齿轮系实现的。车内的减速齿轮系始终与车轮同时转动，直径六尺的车轮转动一圈，附在足轮上的立轮也转动一圈，与立轮咬合的下平轮转三分之一圈，同轴的旋风轮（共有三齿）和中平轮（共有一百齿）各转动一齿。

按照古时候的计量单位，一步为六尺，三百步为一里。车轮转动一圈约为

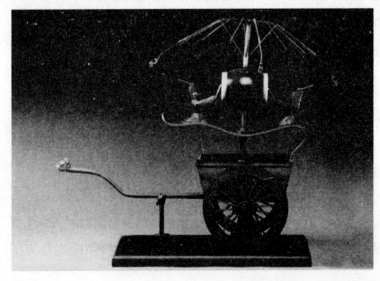

计里鼓车

三步，转一百圈约为一里，此时中平轮恰好转动了一圈，再经过机械传动就可以让下层的木人击鼓。车行十里敲打铃铛的原理与此类似。这样周而复始，就可以记录行进距离了。

计里鼓车可以说是现在汽车上安装的里程表的祖先。需要注意的是，当道路弯曲起伏时，计里鼓车所记录的行进距离，并不是两点之间的直线距离。

关羽用的是青龙偃月刀吗？

在古典名著《三国演义》中，蜀国名将关羽所使用的兵器是一把叫作青龙偃月刀的长柄刀，重八十二斤，又名冷艳锯。那么现实中的关羽真的会使用这种兵器吗？

《三国演义》是元末明初的罗贯中写的小说，而在正史《三国志》中，并未提及关羽在马上所使用的兵器，只在描述他袭杀河北名将颜良时"刺良于万众之中"。其实，在中国古代，长柄刀从来不是军队中主要的格斗武器，只有

明·商喜《关羽擒将图轴》

少数人或一些专门的部队使用。

北宋《武经总要》记载有长柄刀式样图，如掩月刀、屈刀、笔刀等。其中掩月刀的刀格处有龙形装饰，应该是青龙偃月刀的原型。这种刀往往造得很重，达到数十斤至上百斤，青龙偃月刀重八十二斤的说法可能就来源于此。但实战搏杀尤须耐久，不可能使用这么重的兵器空耗体力。此后明代《武备志》等书都明确记载，这种刀主要用于操练或武举试力时使用。

那么关羽所使用的长兵器最可能是什么呢？汉代骑兵所使用的主要是矛和戟，这也符合《三国志》中"刺"的描述。此外，西汉时已经出现一种直体长身、薄刃厚脊的钢刀，长一米左右，适合砍劈且不易折断。其刀柄较短，在柄首加有扁圆状的环，因此被称作环首刀或环柄刀。这种刀适合骑兵在策马奔驰时劈砍，因此成为了骑兵和步兵的主要武器。东汉时期百炼钢技术用于造刀，大大提高了钢刀的质量。如果关羽确实使用刀的话，用的大概也是这种刀。

 10

"纸药"是做什么用的？

在中国传统造纸工艺中，从打浆到捞纸之间有一道关键工序：在纸浆中施加植物黏液，即"纸药"，相当于今天抄纸工艺中的施胶。其目的一是改善纤维的悬浮性能，使抄造出来的纸张更均匀；二是防止纸页间相互粘连，这样成百上千张湿纸摞在一起，压榨去水后仍能一张张揭开。若不加纸药，则只能将每张湿纸用毯隔开或各自焙干，限制了生产效率。

古人很早就认识到了某些植物的胶粘作用，比如用白芨或杨桃藤汁作胶粘剂，纸药的发明是对这类知识的应用，中国最晚在晋代发明了在纸内和纸面施加淀粉剂的技术。由于植物黏液的胶合性能更好，便逐渐替代了淀粉。现存最早记载纸药的文献出现在南宋，而"纸药"一词最早出现在明代宋应星的《天工开物》中。

古时各地均利用当地植物作纸药，甚至同一地区在不同季节采用的植物也不同。已知可作纸药的植物多达数十种，最常用的为黄蜀葵、杨桃藤和毛冬青。除抄纸外，将生纸加工成捶纸时也可以使用纸药。捶纸时将纸沾湿后与干纸交错重叠，用石压置一宿后用木槌敲打千余次，使纸面光滑紧密。如用黄蜀葵根汁沾湿纸则效果更好。

配制纸药时，先将植物的新鲜枝叶切成小片，再用锤捣碎，盛入布袋或竹篮里，放入冷水桶中浸泡成透明状胶汁备用。使用时必须掌握好黏度，用勺取纸药时，当下面沾粘的胶汁能拉长为一尺长的胶丝即可。

11

雕版印刷术是怎么发明和应用的？

雕版印刷术是中国古代的一项重要发明。一般认为，它出现于唐代，唐中后期已普遍使用。宋代虽然发明了活字印刷术，但直到清末中国的印刷一直以雕版为主，活字为辅。雕版印刷的产生得益于印章和石刻的长期使用。在晋代人们发明了在石碑上拓印的方法，这成为了雕版印刷的先声。

雕版印刷最常用的材料是木板，其中又以纹质细密坚实的枣木和梨木为主，为此还出现了一个专门的成语"灾梨祸枣"，意指浪费木版，用来形容滥刻无用不好的书。在制版时，先将写有文字的薄纸字面朝下贴在木板上，用刀一笔一笔雕刻成阳文，然后上墨，将白纸覆盖在版上印刷。

雕版印刷术发明之后，唐代的寺院便大量刻印佛经、佛像和宗教画，民间刻印较多的则有历书、诗文集、字书、韵书等。咸通年间日本来华僧人宗睿在归国时将雕版印本带到了日本。五代时期，政府开始大规模刻印儒家经典，民间刻书

现存最早的雕版印刷品《金刚经》

也很盛行。宋代雕版印刷技术日臻完善，北宋开宝年间四川刻印的《大藏经》用时 22 年，所用雕版多达 13 万块。

宋代以后又出现了铜版印刷，因其可以印制线条纤细、图案复杂的画面，一般用来印刷钞票。彩色套印技术至迟在元代就已出现，明清时期彩色套印技术与版画技术相结合，产生了光辉灿烂的套色版画。晚清西方石印和铅印技术传入之后，雕版印刷才逐渐被取代。

活字印刷术是怎么发明和应用的？

活字印刷术是中国古代四大发明之一，它对人类文化的传播起到了重要作用。它的基本方法是预制大量活字，组合排版再涂墨印刷，印刷完成之后活字可以拆下来重复使用。

发明活字印刷术的毕昇生活在雕版印刷全盛的宋代。他用胶泥刻字，再用火烧硬。将活字排在涂有松香、蜡、纸灰的带框铁板上，排好一版就拿到火上加热，使药物熔化，再用一块平板将字压平，即可印刷。每一个单字都预先制

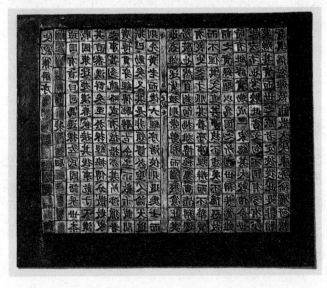

泥活字版（模型）

作好几个活字，常用字则更多，以备一版之中出现重复字。如果排版的时候遇到生僻字，就临时制作活字。活字印刷的优势体现在批量印刷上，如果印量少的话则不如雕版印刷省力。

此后元代的王祯发明了木活字和转轮排字架。木活字先在板上批量雕刻，再一个个锯下来使用。活字先按韵储存在转轮排字架的不同位置，并编上号。排版时一人根据册子叫号码，另一人根据号码从架上取字，极大地提高了排字的效率。王祯共制作了3万多个木活字，并用其印刷了自己纂修的《大德旌德县志》。

在王祯之前就出现了最早的金属活字，用锡制成，比欧洲金属活字的出现早一两百年，但由于锡不容易受墨而未能推广。后来又出现了铜活字。清代官方大规模使用活字印书，康熙年间的百科全书《古今图书集成》就是用铜活字印刷的。

但从另一方面看，中国的书籍印刷在近代西方印刷技术传入前一直以雕版为主，活字印刷始终未成为主流。

13

为什么活字印刷在中国古代未成为主流？

自毕昇发明活字印刷术至清末的八百年间，虽然活字印刷技术不断进步，但中国印刷的主流一直是雕版，活字印本的数量只占到雕版印本的百分之一二。而15世纪以后西方印本几乎全都采用活字。造成这种现象的原因是多方面的，主要包括政府的重视程度、技术条件的限制和汉字自身的特点，导致活字印刷的优势在古代难以发挥出来。

汉字字数多达数万个，一本书中往往需要两种以上的字体，这就造成一副活字的数量可能要超过20万。雕刻这些活字的成本巨大，一般私人印刷业者无法承担。与此相比，西方文字因为使用字母，可以大批量铸造或用钢模冲制，成本低廉。而中国古代即使是金属活字也普遍采用雕刻的办法。

用汉字进行活字印刷的另一个难点在排版，与字母文字相比要费时费力许多。沈括在《梦溪笔谈》中介绍毕昇的泥活字时就曾指出，活字印刷只有在印量大时才能显现出优势。而中国古代私人印刷书籍时，为防止积压，一次的印量并不会太大。如果使用雕版印刷，印完之后可以将版存放起来，有需要时再拿出来重印。而用活字印刷，由于字数限制，不得不采用一边排版一边拆版来重复使用活字的方法。这样重印时又要再排一次版，很不合算。

此外，在古代活字印刷的效果也始终不如雕版，不但会出现活字参差不齐，墨色浓淡不一的问题，还可能因排版校对不仔细而出现错字。这导致活字印本一直不受人重视，甚至有人认为只有雕版印本才算正式出版物。

古代的书籍是怎么装订的？

印刷术发明之后，方便了知识的传播，但印出的书页必须经过装订工序才能成为一本书。中国古代先后出现过几种主要的装订形式。

最早的装订形式是卷轴装，它源自从前绢面和纸面写本书的形式，区别只在于内容是用雕版印刷而成。制作时，装订工将每页裁成同样的高度，然后逐页用浆糊粘连成长横幅，再加上卷轴。

由于卷轴装每卷动辄长达几米甚至十几米，看书的时候卷来卷去，很不方便，因此又出现了一种新的装订形式，将长卷印纸反复折成手风琴一样的一叠，前后用厚纸板加以保护。这就是经折装。经折装在阅读时不必来回卷动，方便翻阅。

但是，经折装也有缺陷，就是经常翻阅，折缝处容易断裂。于是，

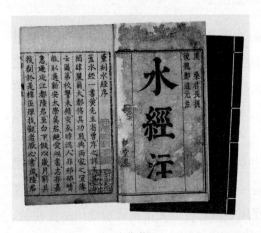

线装书

很快又出现了蝴蝶装。它是把每张纸页从中缝处对折，让有字的两个半页向内，然后一张张在中缝处粘起来，最后用包背纸把折边包住。这是册页型书籍的最初形式。

蝴蝶装的问题在于，书籍中有一半是空白页。于是，人们又将纸页从中间对折，让有字的两个面向外。然后让折缝向外装订，最后用较厚的纸或绢把前后两页和书脊都包起来。这叫作包背装。

包背装是用纸捻将各页订在一起，再用浆糊粘牢。但是经常翻阅的时候，纸捻容易折断。为了加固，人们就用丝线代替纸捻，在书脊处打孔穿线，无须再刷浆糊，也不必用书皮包背。这种改进的形式就是线装。这就是我们今天最常见的古书装订形式。

15

古人是怎么发明和利用酒曲的？

历史上世界各国用谷物原料酿酒的方法可以分为两大类，一类是利用谷物发芽时产生的酶，将原料本身糖化成糖分，再用酵母菌将糖分转变成酒精；另一类是用发霉的谷物制成酒曲，用酒曲中所含的酶制剂将谷物原料糖化发酵成酒。

从有文字记载以来，中国的酒绝大多数都是用酒曲酿造的。酒曲大多是以大麦和小麦为主要原料，因此人们又习惯称其为"麦曲"。酒曲中既有起糖化作用的霉菌，又有起酒化作用的酵母菌，此外还有醋酸菌、乳酸菌等等。在采用酒曲酿酒时，糖化作用和酒化作用同时进行，这叫作复式发酵，它比先糖化后酒化的单式发酵简便快速。

在原始时代，由于储存条件简陋，人们收获的谷物很容易发芽发霉，如果将发芽发霉的谷物泡在水里，一定时间之后就会发酵成酒。后来，人们又有意识地让一部分谷物发芽发霉，逐渐掌握了酿酒技术，并不断改进制曲的方法。

北魏贾思勰的《齐民要术》在介绍黄河流域的酿酒技术时，每介绍一种酿酒法之前都要介绍相应的制曲法。当时的人们已经很注重制曲原料的选择、配比和预加工，关心水质和水量，强调温湿度控制和环境卫生。唐宋时期，人们以大米曲为基础，经过长期培育和筛选，发明了红曲，它不仅可以用来酿酒，还是烹饪的调味品、食品的染色剂和一味中药。

除了酿酒，麦曲还可以用来造醋，以及加工各种酱类食品和腌制品。中国的酒曲法酿酒传播到整个东亚地区，对于周边的日本、越南和泰国等也都有较大的影响。

 16

中国古代都有哪些鼓风机械？

在金属冶炼过程中，为了使燃料充分燃烧、提高炉温，就需要使用机械来鼓风。中国古代最早使用的鼓风机械叫作"橐"，它是用牛皮或马皮制成的，可以伸缩，空气在伸时通过进气阀进入橐，在缩时则通过排气阀和输风管进入炉中。为了加大送风量，需要加大橐的尺寸和增加个数，到东汉时出现了由多个橐组成的排橐，它既能加大送风量，也能让风从不同部位进入炉膛。此外在西夏壁画中还出现了一种一人高的木扇，操作者左右手各拉动一个木扇送风。

起初的鼓风机械依靠人力或畜力驱动，东汉南阳太守杜诗发明了水力驱动的水排，元代的《王祯农书》中记载了立轮式和卧轮式两种水排。立轮式水排通过水流冲击水轮叶片转动，使得排橐反复送风。卧轮式水排结构更为复杂，有上下两轮，下轮为主动轮，上轮为从动轮。当水流冲击下轮时带动上轮一起转动，并带动排扇送风。

《王祯农书》中的卧轮式水排

鼓风机械在宋代以后发生了重大变革，出现了拉杆活塞式风箱。这种风箱通常为长方形，风箱内部用活塞隔开，活塞用两根木杆与箱外的拉手相连。与此前的鼓风机械相比，这种风箱的密闭性好，可以得到较大的风压。更重要的是它分别装有两组进气阀和排气阀，推动活塞时一个进气阀进风，一个排气阀排风，而在拉动活塞时换由另一组阀门进风和排风，因此无论推拉皆可送风，从而大大提高了鼓风的效率。这种风箱至今仍为人们所使用。

什么是龙骨水车？

龙骨水车又叫"翻车"，是中国古代的一种农业灌溉机械，发明于东汉末年，这种水车的出现，对解决排灌问题起了非常重要的作用，在长江中下游地区最常见。因其形状犹如龙骨，故得此名。

在龙骨水车发明之前，中国人主要用桔槔和辘轳进行灌溉，但这两种机械都不能连续提水，劳动生产率较低。龙骨水车用木板做成二丈左右的木槽，在木槽的两端安装齿轮轴，两个齿轮轴之间装上木链条（即龙骨），木链条上再安装板叶，其机械原理类似于自行车的链条。使用时将其安放在河边，下端的水槽和齿轮轴直伸水下，利用链轮传动原理带动木链周而复始地翻转，装在木链上的板叶就能把河水源源不断地提升到岸上，进行农田灌溉。

《天工开物》中人力驱动的龙骨水车

人力驱动的龙骨水车一般用脚踏，最大的要七人合踩，也有的用手摇。大约在南宋初年又出现了畜力驱动的龙骨水车，它的水车部分与人力驱动的相同，只在动力机械方面加以改进，在水车上端安装两个相互衔接的齿轮，在牛的拉拽下通过齿轮传动来带动水车运转。此外龙骨水车还有利用风力和水力驱动的多种类型。一部龙骨水车的提水高度有限，如果农田距离水面很高，就需要用多部水车逐级提水。

龙骨水车自发明后的 1700 多年间一直是我国应用最广、效果最好的一种灌溉机械，直到现代农用水泵普遍使用之后才退出历史舞台。

古人怎么制作漆器？

漆器是用漆涂在器物表面制成的。在中国，人们从新石器时代起就认识了漆的性能，并用它来制作漆器。目前考古发现最早的漆器是出土于浙江萧山的一把 8000 年前的漆弓。

漆来源于漆树，它是一种高大的落叶乔木，适宜生长在气温较高、雨量丰富的地方。漆树所分泌的漆液在日晒后会形成黑色发亮的漆膜，古人发现了这一现象，于是就开始采集漆液用作涂料。

从漆树上割取的天然漆液称为生漆、大漆，其主要成分是漆酚、漆酶、树胶质及水分，有耐潮、耐高温、耐腐蚀的特点，又可以配制出不同颜色。生漆经过日晒或低温烘烤后便成为熟漆。熟漆的特点是干燥比生漆慢一些，但形成的漆膜更加光亮。古人还在漆中加入从桐树的种子中榨取的桐油调配使用。

漆器一般以木、竹、藤、麻等材料

汉代漆器

为胎，比青铜器重量轻，自战国时代开始便大量取代青铜器用作实用器皿和工艺品。在长江中下游的荆楚地区，漆器工艺最为发达。早期的漆器色彩以红黑两色为主，后来扩大到黄、绿、蓝、白、金等多种颜色。此外，由于生漆可以用作粘合剂，人们还将金银珠宝构件粘合在漆器上。

古代实用漆器发展的高峰期从战国延续到秦汉。东汉以后，随着青瓷技术的成熟，实用漆器的地位为瓷器所取代。此后装饰性漆器继续发展，工艺愈发精湛，至明清时期达到鼎盛。写于明代隆庆年间的《髹饰录》是关于我国古代漆器工艺的一部经典著作。

19

花楼提花机的原理是什么？

提花机是能够储存提花信息的织机。在提花机产生以前，由于花纹信息无法保存，织物上的花纹只能通过费时费力的挑花来完成。为解决这个问题，古人发明了提花机。

提花技术可以分为两种，一种是用综线代替挑花杆的多综式提花机，另一种是花楼提花机，又叫作花本式提花机，它的特点是靠花本储存复杂的提花信息，再通过花楼提花和织造配合生产。所谓花本，是以线编结成的程序存储器。编结花本时要根据花纹图案计算纹样大小和各部位长度，以及每个纹样的经纬密度和交结情况。

花楼提花机又分为大花楼提花机和小花楼提花机两种。区别在于前者的提

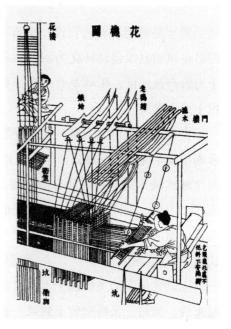

《天工开物》中的花楼提花机

花纤线比后者多一倍，织出来的纹样比后者更大更复杂。小花楼提花机的花本可以分片直立悬挂，而大花楼提花机由于花本太大，只能环绕张悬。

小花楼提花机在明代已经发展成熟，据宋应星的《天工开物》记载，当时的小花楼提花机分为两段，长一丈六尺，机上高起的部分为花楼。工作时由两人配合操作，一人坐在花楼木架上负责提花，另一人坐在下面脚踏地综，投梭打纬。

花楼提花机是我国古代纺织技术的代表性成就，我国大花纹循环织物的繁荣正是以它为基础的。13世纪之后中国的提花技术传播到了欧洲，欧洲人在借鉴的基础上于18世纪发明了用打孔纸板和钢针控制提花的纹版提花机，这种提花机又为19世纪初的早期计算机提供了灵感。

立轴式风车的原理是什么？

风车是利用风能的装置，我国古代有三千多年利用风能的历史。风车的原理是将风的直线运动转化为回转运动，从而驱动机械工作。在古代风车主要用于沿海产盐地区，带动龙骨水车等机械提取海水或抽取深井中的盐水，此外还用于排水灌溉等。

古代的风车可分为卧轴式和立轴式两类，前者的旋转轴平行于地面，而后者则垂直于地面。卧轴式风车出现较早，在东汉的壁画中就有风车玩具的图像。而立轴式风车则是我国独有的一项发明，出现时间不晚于南宋。其体量很大，高二丈四尺，长四丈以上，形状类似于走马灯。每部风车以木结构为骨干，由围成一圈的八面帆驱动，帆的外形与帆船的风帆相同。因此也被称为"走马灯式风车""立帆风车"。

立轴式风车的奥妙在于可以自动调节迎风的方向。在风帆升起、风车转动起来后，当每一张帆旋转至顺风一边时，其朝向自动与风向垂直，因此受风面积最大；而当其旋转至逆风一边时，则自动与风向平行，风阻最小，这样就大大提高了风能的利用率。而且不管风向如何变幻，风轮总向同一个方向回转。

相比于卧轴式风车，立轴式风车的效率更高，不受风向的影响，在风力变化时，还可以通过改变帆的受风面积来维持转速和受力的稳定。此外，卧轴式风车会由于自重的影响而产生动力波动，而立轴式风车则不受自重和体积的限制。

 21

扇车是做什么用的?

扇车又叫风车、风扇车、扬扇和扬车，是一种定向吹风装置，一般用于清除谷物中的糠秕等杂质，其效率远高于扬扇和簸箕，一些农村地区至今仍在使用。

关于农用扇车的最早记载是西汉史游的《急就篇》，河南、陕西等地还出土了西汉时期的陶扇车模型。最初的扇车构造比较简单，扇车顶上装一个漏斗，车后装有带曲柄摇把的回转扇轮，有些扇车在漏斗下方还有可调节开口大小的启门。使用时，经碾打后的谷物从漏斗徐徐下落，人力转动摇把带动扇轮，产生的风力将糠秕等轻杂物从车前吹出，较重的谷物则掉落至车底，这样就达到了分离谷物和糠秕的目的。

扇车的构造在使用中不断完善，先是出现了封闭式扇车，其主体是一个长方形的空箱，其上部和后部密封，

《天工开物》中的扇车（风车）

将扇轮封在箱内，并在扇轮轴孔周围开进风口，这样可以更有效地利用风流，将糠秕吹得更远，也避免作业现场尘土飞扬。

后来扇轮回转部分的长方形空箱又演变为圆柱形，这样可以消除扇轮转动时在空箱角上产生的涡流，减小阻力。除了用摇把手摇驱动，后来也出现了脚踏驱动的扇车。还出现了多出粮口扇车，具备多级清选功能。扇车大约在18世纪传入欧洲。

此外，还有另一种扇车专供纳凉之用，类似于现在的电风扇，在西汉时就已出现。这种扇车同样是人力驱动，一人操作，满屋凉风。至唐代又出现了水利驱动的纳凉扇车。

古人是怎么使用绞车的？

如今绞车是一种常用机械，它是用卷筒缠绕钢丝绳或链条提升或牵引重物的轻小型起重设备，又称卷扬机。绞车主要运用在建筑、水利工程、林业、矿山和码头中，用于物料的升降或平拖。

绞车的基本构件之一是滑轮。学过物理学的人都知道，定滑轮可以改变力的方向，动滑轮可以省力。在中国古代，从战国时期开始，滑轮就被广泛应用在提水工具和军事器械中。在《天工开物》中，有许多插图都描绘了滑轮的使用。

用滑轮制作的提水工具辘轳，就

《天工开物》中的辘轳

是一种绞车。辘轳可能在商末周初的时候就出现了。如今，在我国的许多地区，人们仍然使用辘轳从井中取水。辘轳的主体部分是一根短原木，上面绕上绳索，原木可以绕着固定轴转动，这样就可以把原木的转动转化为绳索的上下运动，通过转动原木将装满水的水桶从井中提上来。

在中国古代，除了提水，绞车的用途还很多。比如在船闸中用来将船只拖曳过闸。还可以在军事上为巨大的床弩转轴上弦。在大型木帆船上，绞车还用来快速升降风帆。

古人还发明了一种特殊的绞车，它是把一根圆柱削成直径不相等的前后两个部分，在这两部分上缠绕绳索，绳索下面加一个滑轮，这种绞车也叫作较差式滑车。

23

古人是怎么制作钟磬的？

在中国古代的乐器中，钟和磬具有非常重要的地位。磬是用某些特殊的石头磨制而成的，最迟在商代，已经出现了由一系列音高不同的磬组成的编磬。在《考工记·磬氏》中，除了谈到磬的形制之外，还描述了如何调整磬的音高。方法是，当磬的发音过高时，就将磬的两面磨去一些，使其变得更薄；如果磬的发音过低，则要将磬的两端磨去一些，这样磬体变短，相对来说就变得更厚。这番话很有道理，磬的发音属于极振动，它的频率是正比于磬的厚度的，因此，通过调整磬的绝对和相对厚度，就可以控制发音的高低了。

钟是由青铜铸成的，大型编钟曾经是一种地位的象征。著名的湖北随县曾侯乙墓编钟，制作于战国初期，共有8组65枚。有的钟具有双音结构，通过敲击钟表面的不同部位，可以发出两种不同音高的声响。

中国古代的钟有一个特点，就是截面并不是正圆形，而是由两个小半圆合在一起，外形是扁的，这叫作"合瓦式"。圆形的钟具有较强的余音效果，但是用于演奏的话，余音会相互干扰。而扁钟的余音适中，就比较适合演奏。此外，在钟体上还铸有一枚枚乳状的凸起，这叫作"钟枚"。它的作用是消耗振动的能量，加速钟音的衰减，这样就可以节制余音，改善钟声。

编钟铸造之后还需要调音，这是通过在钟腔的特定部位锉磨来实现的。通过不断实践，古人积累了大量关于钟体结构和发声效果关系的认识。比如《考工记》中就记载，如果钟厚度太大，声音就发闷；太薄的话，又不够浑实。

 24

透光镜是怎么制造出来的？

中国古代的镜子一般是用铜锡合金铸成的，它的正面为反射面，打磨光亮之后就成了镜子。反面一般铸有图案和文字。有的铜镜具有一种神奇的效果：用一束光线照射镜子正面，反射后投影到墙壁上，墙壁上的光斑会显示出镜子背面的图案和文字。就好像光透过了铜镜一样，因此得名"透光镜"。

目前能见到的较早的透光镜实物制作于汉代，隋代王度的神怪小说《古镜记》中，也提到了一枚透光镜。为什么透光镜有这样神奇的效果呢？北宋沈括在《梦溪笔谈》中分析道，由于物体热胀冷缩的特性，铜镜铸成之后，在冷却的过程中，厚的地方收缩量大，薄的地方收缩量小。这样一来，在铜镜正面就形成了与背面的图案文字相似的凹痕。今天人们运用同样的思路，复制出了具有透光效果的铜镜。

元代的吾丘衍提出了另一种可能。他认为，在镜面中用另一种铜料镶嵌出与背面相同的图案，磨平之后，由于镜面各部分反射光线的能力不同，就可呈现透光效果。

清代的郑复光对沈括的分析进行了补充。他认为，除了冷却过程之外，铜镜在加工过程中的刮磨也是形成透光效果的重要原因。铜镜冷却形成镜面凹凸不平，在刮磨加工的过程中难以彻底消除。他还用水面作类比，人们平时看水中的倒影，并不觉得水面是不平的。但是看水面反射的光，就能感受到水中波纹的起伏。

走马灯的原理是什么？

走马灯是一种传统玩具。在灯内点燃一根蜡烛，燃烧产生的热力造成的气流就会让轮轴转动。轮轴上有剪纸，烛光将剪纸的影子投射在屏上，图像便不断走动。因为一般在灯的各个面上出现的是古代武将骑马的图像，当灯转动时，看起来就像几个人你追我赶一样，故名走马灯。

最迟在公元 1000 年左右，走马灯就已经发明了。宋代关于走马灯的记载很多。比如南宋的姜夔就在《感赋诗》里写道："纷纷铁马小回旋，幻出曹公大战车。"那么，走马灯是怎么转起来的呢？在走马灯正中有一根立

走马灯

轴，立轴上部装有一个叶轮，通常叫作"伞"。叶轮的叶片装置方法类似于风车。立轴中部，沿水平方向纵横装有几根细铁丝，每根铁丝外端粘上人物车马剪纸图案。蜡烛位于靠近立轴下端的地方。

当夜晚点燃蜡烛之后，燃烧所产生的热气流上升，推动叶轮转动，带动立轴，剪纸图案就会随着叶轮和立轴旋转。结构更复杂的走马灯，还会在外面多装一个外层，它只占走马灯下部的一小半，这样就不会遮住中部的影子。内外两层之间再装上几幅剪纸人物，它们的手、脚或头部通过细铁丝通到内层，在内层立轴下部再横装一根细铁丝，这根铁丝转动一周，就拨动外层伸入进来的铁丝一次，让外层的剪纸人物也表现出一定的动作。

走马灯是中国古代利用热力的一个巧妙发明，已经具有了现代燃气轮的雏形。

26

古人是如何测量风向和风速的?

风是自然界中最常见的天气现象。要想知道风向和风速,就要用到测风的仪器。在古代,人们发明了一些简单的工具和仪器来测风。商代的甲骨文中记载了一种叫作"倪"的仪器,它可能是把布帛、茅草、鸟羽或鸡羽捆在一根杆子上制作而成的简单示风器。

到了汉代,又出现了比较复杂的铜凤凰和相风铜乌。汉武帝时修建了一座建章宫,就在屋顶上安装了几个铜凤凰。这种铜凤凰下面有可以转动的机关,起风的时候,凤凰的头就会转向风来的方向,好像要飞起来的样子。

相风铜乌和铜凤凰类似,是一种形状像乌鸦的铜制风向器。最早的相风铜乌比较笨重,必须要在大风中才能转动,并不实用。后来经过改进,这种仪器变得越来越灵敏,在小风的时候也能转动。此后人们又改用木头制作相风乌,这样就减轻了重量,搬运起来也更加方便;相风乌的使用范围也扩大了,不仅能在城墙上和庭院中使用,还能安装在舟船和车辆上。

但是,这种制作精致的测风仪器也存在缺点,就是不够实用。人们日常需要的是一种构造简单、移动方便的仪器。在唐代,人们用简单仪器测风的方法如下:在空旷平坦的地方,竖立一根五丈高的杆子,用羽毛结成一串长羽,悬在杆子顶端,根据长羽的方向来观测风向,并由扬起的程度估计风速的大小。由于制作测风仪器所用的羽毛通常重5—8两,这种测风仪器就被称为"五两"。此后"五两"成了各种形式的简便风向器的统称。

27

古人是怎么纺纱的?

纺纱是把许多植物纤维捻在一起纺成纱线,然后就可以用纱线来织布。为了将单根纤维合股、加捻，在早期人们用的是双手搓合的方法。在旧石器时代晚期出现了纺坠。纺坠是由一根插杆和圆形的纺轮组成。插杆一般是竹、木或骨制，纺轮一般是石或陶制。纺坠的使用方法有转锭法和吊锭法。转锭法是把插杆放在腿上，一只手转锭，另一只手牵扯纤维续接。吊锭法是一只手转动插杆，另一只手牵扯纤维，用手指捻合成股并

《王祯农书》中的水转大纺车

连在插杆上。纺坠的使用方法比较简单，其工作原理却与现代纺纱机上的纱锭类似。

手工纺纱效率低，而且纺出的纱不均匀，因此又出现了手摇纺车。手摇纺车的零部件包括锭子、绳轮和手柄。纺纱时，一只手摇动手柄，带动绳弦传动给纱锭，另一只手续纱。此外还有需要二人操作的立式纺车。随着技术的进步，纺车逐渐由单锭手摇纺车发展为复锭手摇纺车，再发展为脚踏式复锭纺车。脚踏式纺车的动力来自双脚踩踏，这样就可以解放出双手，提高了效率。

宋元时期，商品经济发达，对纱的需求量很大，于是又出现了装有几十个纱锭的大纺车。以人力驱动大纺车十分费力，因此又改进为以畜力和水能驱动。元代的《王祯农书》就记载了当时很先进的水转大纺车。这种纺车要装于河边，通过流水推动大直径水轮提供连续的动力，再经过传动装置带动大纺车运转纺纱，效率很高。

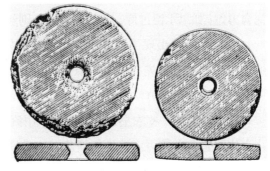

石纺轮

28

古人是怎么缫丝的？

中国人发明了用蚕丝纺织丝绸的技术，将蚕茧抽出蚕丝的工艺叫作缫丝。

蚕丝的主要成分丝素是一种近于透明的蛋白纤维，外面包裹着一层胶质物，也就是丝胶。由于丝素不溶于水，而丝胶溶于热水，缫丝时，要将蚕茧放入沸水中煮，让丝胶溶解掉。

中国古代对于缫丝的水温、水质、时间等方面都很讲究。根据《礼记》记载，煮茧的时间为"三淹"，开始煮的时候，蚕茧漂浮在水面上，必须将蚕茧按入水中，振出丝绪，反复三次。宋代秦观的《蚕书》是我国第一部蚕业专著，其中记载，煮茧的水温要

《天工开物》中的缫丝

达到"水泡微滚、汤如蟹眼"的程度。这是因为，丝胶溶解于水之后会出现气泡，气泡的大小与水温有关。如果水温过高，或煮的时间过长，会使蚕丝变脆，纤维抱合力差；如果水温过低，或时间太短，则丝胶软化不够，纤维生涩易断。

元代以后又出现了一些新的工艺，比如"冷盆"缫丝，是将煮茧和抽丝两道工序分开。蚕茧先在热釜中煮，然后移入水温略低的盆中抽丝，这样可以避免蚕茧煮老。这种方法生产出的丝柔韧光亮，叫作"水丝"。

明清时期的一些农书认为，应该采用流动的泉水缫丝，不能采用井水，因为井水往往是含有较多可溶性钙镁化合物的硬水，会导致丝不亮。对于换水频率，如果换得太勤，则丝白而不光；换得次数太少又会导致丝光而不白。这是因为，丝素上还含有色素，换水太勤可以较好地清除色素，但脱胶不彻底。反之亦然。

29

古代攻城战中的壕桥车是做什么用的？

壕桥车

无论古今中外，对城市的争夺都是战争中十分重要的部分。为了夺取城市，古代中国人在长期的战争攻守实践中发明了种类繁多的攻城器械，壕桥车便是一种接通式攻城器械。

古代城市为了抵御进攻，往往会修筑城墙，并在城墙外侧开挖壕沟，以阻止敌军接近。如果将水引入壕沟，便成为了护城河。所谓壕桥，就是为了通过城外的壕沟或护城河等障碍的便桥。为了机动，一般会在桥面下装上轮子，这就成了壕桥车。使用时把它架到城外壕沟两岸，使得攻城士兵能够通过这座桥顺利到达彼岸。这种桥的长度一般视壕沟的宽度而定。

我国自战国时代便有使用壕桥的记录，到了宋代，壕桥的发展已极为成熟，普遍装上了轮子。据《武经总要》记载，宋代壕桥车主要有单面和折叠式两类，在攻城战中，一般是攻方观测之后就地取材制作。

单面壕桥车在桥面下安装四个轮子，使用时士兵推车入壕，轮在壕中，桥面则架在两边的壕岸上。如果城壕过宽，就采用折叠式，它是用转轴将两个单面壕桥连接而成，形状类似现代机场登机用的舷梯。平时将桥面折叠放在车上，使用时由士兵将其推入壕中，再将桥面张开，从而使城壕两岸连通。

还有一种与壕桥车功能类似的填壕车，区别在于填壕车以竖直的桥板作为防御，甚至侧面和车顶也有防御设施，所以士兵在推进填壕车时可以避免遭到攻击。不过，相对的桥面承载能力则不如壕桥车。

30

古代攻城战中守军怎么监听敌人挖地道?

在古代攻城战中,挖地道是攻方常用的一种方法。攻方不仅可以利用地道绕过城墙进入城内,在火药应用于战争之后,还可以通过地道将火药埋设于城墙之下,炸塌城墙。那么守军该如何监听敌人挖地道的情况呢?这就需要用到"地听器"。

声音在通过固体物质传播的过程中,遇到空穴会放大,这是一种声学现象。古人对此早有认识,地听器正是应用了这种原理。春秋时期的墨子最早将地听器用于监听敌情,设计了多种识别声源方位的方法。墨子认为可以在城内地势低洼的地方挖一些地洞,要挖到地下水位之下三尺为止。这可能是因为低洼的地方经常积水,而土壤空隙被水填满之后传声性能更好。地洞挖好之后,要在洞内安置腹大口小的坛子或瓦瓮,叫作"罂"。在罂口紧绷上薄的生革。这样,当敌人挖地道的时候,声波传来,罂内空气随之震动发声。令听觉灵敏的士兵谛听革面之声,判断各个罂的响度,哪个最响就说明距离挖地道的敌人最近。这样就可以在城内就近往外挖地道,最后在地道内迎击敌人。

此后这种方法在历代战争中广泛使用,并且不限于攻城战,野战中也能用到。唐代出现了更为轻便的地听器——空心枕,只要将内部空虚的器物当作枕头即可。野外露营时可以用它听到远处大队人马的脚步声,防范敌军偷袭。此外还可以使用去节的竹筒。将竹筒垂直埋入土中,留一段在地上,也可以用它听到远处的人马声,明代抗倭名将戚继光就曾使用过这种地听器。

古代攻城战中守军如何灭火？

　　在攻城战中，如果攻方采用火攻，守军就需要用到灭火器材。据北宋的军事著作《武经总要》记载，当时的灭火器材主要有四种。

　　第一种是水袋。用马牛等家畜皮制成，大的可以装下三四石水。先在袋中存满水，在每个城门或战棚处预备两三个。如果敌军纵火焚烧城楼和战棚，就派三五名身强力壮的士兵，将水袋绑在十尺多长的大竹竿上，向着火处喷出袋中之水，将火浇灭。

　　第二种是水囊。用猪牛膀胱制成，和水袋类似，预先盛满水备用。不同的是，当敌军在城下纵火时，守城士兵即将水囊抛入火中，水囊摔破或被火烧破，流出的水将火浇灭。

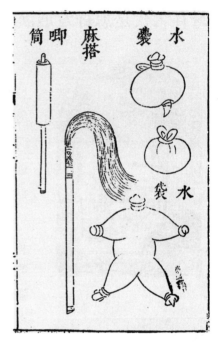

灭火器材

　　但是水袋和水囊都有局限，需要事先存水，且只能使用一次。于是就有了第三种器材——唧筒。唧筒是将一根长竹筒的下部开一个孔，并在一根长竹竿的头部裹上棉絮，插入竹筒中。这样裹了棉絮的竹竿便起到了活塞的作用。用手来回拉动竹竿，产生正压和负压，就可以将水从竹筒开孔处吸入和喷出，这和如今的简易水枪玩具类似。尽管唧筒的射程和流量都很有限，但这种工具可以反复使用，它的发明是灭火技术的一个极其重要的进步。

　　此外还有一种叫作"麻搭"的器材，有点类似于拖把。在八尺长竹竿顶端缚扎二斤散麻，再蘸吸泥水灭火。在《水浒传》第四十一回便提到："这边后巷也有几个守门军汉，带了些人，拖了麻搭火钩，都奔来救火。"

这些灭火器材，在和平时期也应用于城市消防中。

32

弩在古代是怎样发展演变的？

《天工开物》中的连发弩之一

《天工开物》中的连发弩之二

弩是一种装有臂的弓，虽然弩的装填时间比弓长很多，但是由于弓在使用时要用一只手托弓，另一只手保持拉弦姿势，需要一定的臂力和技巧。而弩的装填和发射是分开的，不但比弓的射程更远，杀伤力更强，命中率更高，对使用者的要求也比较低，它的发明是抛射兵器的一大进步。

一般认为弩的起源可能早至原始社会晚期。到了战国时期，弩已为列国大量使用。战国时期的弩机采用青铜制作，其构造已很先进，配上强度较大的复合弓，大大提高了弩的射程和杀伤力。到了汉代，弩的制造有了进一步发展，不但有用臂拉开的臂张弩，还有用脚踏开的足张弩。三国时期的诸葛亮曾发明一种新式连弩，其弩槽一次可以放入十支箭，射出一箭之后可以迅速装填，发射速度快。

弩除了供应单兵使用外，还向大型化发展，至宋代达到鼎盛。此类弩安装在下有四足的巨大弩床上，叫作"床弩"。分别由两三张弓组合在一起，用安装在后部的绞车转轴上弦，小型的要五至七人合力才能绞动，大型的则要几十人，甚至需要使用畜力。这种床弩的瞄准和击发都有专人负责，击发时士兵已无力用手扳动，需要用大锤猛力才能击发。所用的箭大如长矛，不仅可以用来杀伤敌人，还可以在攻城时射入城墙，方便攻城部队攀登。床弩的射程达到了我国古代冷兵器的巅峰，但由于它构造笨重，机动性差，且无法轰开城墙，随着火器的发展和应用，床弩逐渐被废弃。

 33

弩机是做什么用的?

弩机是弩的关键部件。弩和弓的主要区别是弩的张弦和发射是分开的，这一过程由弩机来实现。弩由弓和弩臂、弩机三部分构成，其中弩臂用以承弓、撑弦，并供使用者托持，弓横装于弩臂前端，弩机则安装于弩臂后部。

弩机

弩机是由中国人发明的，最迟在战国时代就已出现，一般用青铜制作。弩机的零件包括牙（挂钩）、望山（瞄准器）、悬刀（扳机）、郭（机匣）、钩心（杠杆）、枢轴（销轴）等。这些零件需要分别铸造（牙和望山是连为一体的），打磨后装配起来，再通过郭将弩机固定在弩臂后部的空槽内。

弩在张弦装箭时，先由士兵手拉弓弦触碰望山，牙上升，钩心被带起，其下齿卡住悬刀凹槽，这样就可以用牙扣住弓弦，弩机处于锁闭状态。将箭置于弩臂上方的箭槽内，通过望山瞄准目标，往后扳动悬刀，牙失去支撑后下缩，弓弦回弹释放势能，将箭高速射出。

弩机在西汉时出现了一些重大改进，技术日臻成熟。其中最重要的是望山由尖角形改为长方形，并在后侧立面上加了刻度，其作用相当于现代枪械上的表尺。这样就可以控制镞端的高低，便于按目标距离的远近调整弩的发射角度，提高了射击命中率。悬刀在此时也多制成长方形，另外郭也改为铜质，使得弩能承受更大的拉力。

弩机的发明和改进体现了中国古代在金属铸造、加工和大规模标准化生产上的水平，大约在 11 至 12 世纪传播到了西欧。

34

火炮在中国古代是怎样产生和发展的？

火炮是火药发明之后才出现的，但其历史却可追溯到火药发明前的抛石机。抛石机利用杠杆原理将石块等物体抛出，远距离打击敌人。火药发明之后，人们首先想到的是用抛石机抛投火药球等火器。管形火器出现之后，人们便利用管内火药燃烧时产生的气体将弹体喷射出去，于是便产生了现代意义上的火炮。

火炮出现于元代，一开始叫作火铳。最早的火炮由铜铸成，分为前膛药室和尾銎两部分，药室上方设有火门，发射前先将火药从铳口装入药室，再将散状弹丸从前膛装入，采用火绳通过火门点火发射。

火炮在明代有了较大发展，至永乐年间达到高峰期。其管壁比元代显著加厚，可以装填更多的火药，射程更远。炮弹也开始由实心弹向爆炸弹转化。除铜炮外还出现了炮管更长、口径更大、管壁更厚的铁炮。但永乐以后中国的火炮技术开始陷入停滞和退化时期，铸造精细度和规范性都有所降低。万历年间西方的红夷炮传入中国，这种炮口径大，管壁厚，炮管长并且置有准星、照门，中部铸有炮耳，便于安装和调整射击角度，经仿制后很快成为装备军队的主要火器。

清廷入关之前便见识到火炮的巨大威力，并开始自铸火

红夷大炮

炮。至康熙年间，在西方传教士的帮助下，铸成 61 门重型火炮，这是中国仿制西方火器的最高水平。乾隆以后中国的火炮技术再次陷入停滞和退化状态，至鸦片战争时，其技术水平和质量已明显不如康乾时期。

 35

古代的火箭是什么样子的？

火箭是依靠喷射介质产生的反作用力向前推进的飞行器，如今主要应用在航天和军事领域。最早的火箭以火药为发射剂。火药大约在唐代末期应用于军事，但"火箭"这一词汇却在此前就已经出现。《三国志》中记载蜀国军队攻打陈仓，魏国守将使用火箭烧毁云梯，这是关于"火箭"一词的最早记载。但这种武器并不是用火药作发射剂，而是将易燃物捆绑在箭杆上点燃，再用弓弩射出，是一种纵火箭。火药应用于军事后出现了"火药箭"，但它也是将火药捆绑在箭杆上点燃射出，也属于纵火箭。

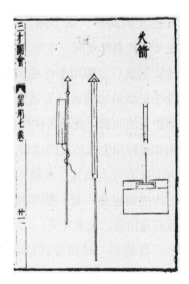

火箭

北宋徽宗时汴京流行的一种焰火是现代火箭的先声。关于真正意义上的火箭的最早记载出现在南宋绍兴三十一年（1161），当时宋金双方在长江下游的采石江面上作战，宋军使用一种名为"霹雳炮"的火箭以少胜多。其发射原理是，在一纸筒下部装发射药，上部装爆药与石灰，上下用药线连接。点燃发射药后喷出火焰和气流，使霹雳炮升空，等到发射药燃尽时又引燃爆药发生爆炸，石灰四散产生烟雾，并眯人马之眼。其原理类似于鞭炮中的二踢脚。同年在胶州湾陈家岛的另一场战斗中，宋军又使用火箭烧毁金军战船数百艘。

此后南宋的火箭技术被金人掌握，1232 年蒙古军队攻金都，守军使用了一种叫作"飞火枪"的火箭。金都陷落后，金国的火箭和工匠都落入蒙古人之手。随着蒙古军队的西征，火箭技术也传播到阿拉伯地区和欧洲。

地雷是什么时候出现的？

地雷是利用布设在地下的炸药来阻止敌人进攻的武器，属于爆炸类火器，在我国出现于明代嘉靖年间，发明人为镇守西北的曾铣。地雷创制后立即用于作战，戚继光也将地雷布设于长城沿边的隘口要道或设伏地域内，以巩固边关的防御。此后各种样式的地雷相继问世，例如一种用生铁铸成的地雷，内装火药一斗多，雷中安有发火装置，在敌人必经之路埋设，数十枚地雷连在一起。敌军经过时将其踩爆，群雷震地而起，火光冲天。

炸炮是一种踏发式地雷。雷壳大小如碗，装药后将几个炸炮的火线互相串联，并接在钢轮发火的"火槽"内。钢轮发火的原理与现代打火

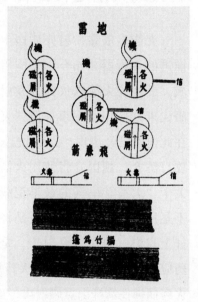

《天工开物》中的地雷

机相似，通过钢片敲击或急剧摩擦燧石打出火星。再从钢轮发火装置内通出一根长线到地面。地雷埋好后，敌人来时踩绊长线，牵动钢轮发火装置，即发火爆炸。

伏地冲天雷是一种采用埋藏火种方法引爆的地雷。将火种装在一个盆里，放于雷上，将火线总联于盆上，靠近火种。在盆的上面再连上枪刀杆，雷埋好后将枪刀杆露在地面，引诱敌人来拔，此时火种就会倒在火线上，引爆地雷。

无敌地雷炮是一种需要士兵点火的火器。雷壳为圆球状，大小不等，装填火药后用坚木将雷口塞住，同时由雷中引出三根火线，从竹竿中通出。雷埋好后待敌进入雷区，即令士兵点着火线，将地雷引爆。

1

为什么马镫是一项重大发明?

马镫是挂在马鞍两边的脚踏,供骑手
在上马和骑乘时踏脚。最早的马镫是单边
的,仅能供骑手上马时踩踏,它还不是完
全意义上的马镫。因为马镫的作用不仅是
帮助人上马,更主要的是在骑行时固定骑
手的双脚,这样就可以解放骑手的双手,
以便最大限度地发挥骑马的优势,同时又
能有效地保护骑马人的安全。成熟的马镫
直至公元 4 世纪左右才在中国出现,此后
经中亚传播到欧洲。

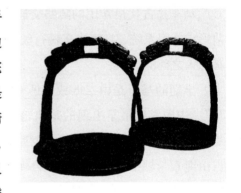

马镫

大约在新石器时代晚期,马就被人类驯服,但是骑马却一直是一件苦差事。
在马镫发明之前,骑手的双脚无处踩踏,身体缺乏支撑,要想不摔下来,必须
依靠双腿的力量夹住马的身体。这种骑乘方式的辛苦可想而知。

先秦时代,马匹在中国多用于驾车,极少有人骑乘,在一些重要场合骑马
甚至被认为是一种失礼的行为。西汉时有个叫韦玄成的大臣,有一次因为下雨
道路泥泞,进入宗庙时未按规定乘坐马车,而是骑马直奔庙下,结果因违背礼
仪被削爵降职。

对于骑兵来说,马镫显得尤为重要。如果没有马镫,骑兵在格斗的时候首

先要用一只手抓紧缰绳，保证自身不因动作幅度过大而摔下来；同时也无法挥舞长矛等长柄武器，因为很难控制住重心。这严重限制了骑马的优势。而当马镫出现之后，人和马可以很好地结合在一起，骑兵可以做出复杂的战术动作，还可以把马的冲力转化到兵器上，充分发挥甲胄和兵器的效能，骑兵的发展从此进入了一个新的时期。

胸带式系驾法的优点是什么？

马车是古代最常用的陆路交通工具。所谓系驾法，即通过挽具将马拴在车前形成牵引系统，是解决车辆行驶的动力和操控问题的技术方法，涉及马与车、马与人之间的关系。

早期的马车是由二匹或四匹马拉，内二马称为"服马"，外二马称为"骖马"。中国古代最早出现的是独辀车，马与车体之间由一根木杆连接。驾车时将辀架在两服马的肩胛前部。辀后面系有靷绳，靷绳后端系在舆前的环上，环再由绳索与轴中心相接。这样自辀至轴的连接线接近水平状态，可以大大减小在非水平状态下牵引车辆所产生的无效分力。这种系驾法叫作"辀靷式系驾法"。辀靷式系驾法的缺点是驾驶时需要很高的技巧。尤其是两边有曳偏套的骖马时，如果安排不当，车子就很难按照御者的意图前进。

胸带式系驾法

战国秦汉时期独辀车向双辕车过渡，新的"胸带式系驾法"也随之出现。它的特点是仅用一匹马即可拉车。这种系驾法将原先拉车的单根绳套改成两根，绳套前端分别系在马胸前新增加的一条宽革带"当胸"上，它是马拉车时的承力点。而轭则仅仅起到支撑衡、辕的作用。胸带式系驾法的优点，一是节约马匹，二是将马身上的支点与曳车的受力点分开，使得马体局部的受力减轻，且更好地利用了马的胸肌力量。

胸带式系驾法是一种先进的系驾法，从西汉到宋代一直沿用了 1000 多年，它在中国的出现比在西方早了数百年。

3

为什么水密隔舱是一项重大发明？

所谓水密隔舱，就是用隔舱板把船舱分隔成互不相通的一个个舱区。这是中国人在船舶结构方面的一项重大贡献。目前发现的最早的设有水密隔舱的船是江苏扬州出土的唐代木船。泉州出土的宋代古船，隔舱舱板与船壳板用扁铁和钩钉钉联，隙缝用桐油灰填实，具有严密的隔水作用。

水密隔舱的设计显著提高了船只在航行中的安全性。船只在航行中，特别是远洋航行中，如果破损进水，只要堵住隔舱板下的过水孔，水就不会流入其他的舱。这样即使有一两个甚至几个舱破损进水，也不会导致船只沉没。如果船只破损不太严重，就可以把进水的舱中的货物搬走进行修补。如果进水太多一时难以处理，则可以将船开到附近的港口进行修补。而没有水密隔舱的船舶，只要底壳破损进水就会漫及全船。

此外，分舱也方便了货物的装卸和管理。属于不同货主的货物可以分别装

水密隔舱

在不同的舱中，比起不分舱的船装卸效率大为提高。由于分舱增加了多道隔舱板，这些隔舱板与船壳板紧密钉合，也就增加了船舶整体的横向强度，取代了船舶的肋骨，在加固船体的同时简化了工艺。

正因为水密隔舱具备多种优越性，问世以后便被广泛采用。到了宋元时期，我国船舶已普遍设置水密隔舱，大船内隔有数舱乃至数十舱。元代意大利旅行家马可·波罗在其《游记》中，就曾记述中国的水密隔舱，但大约在18世纪末西方才对这一结构加以应用。

4

橹在古代船舶航行中的作用是什么？

橹是中国历史上发明的一种独特的船舶推进工具，它是在桨的基础上发展演变而来的。其外形略似桨而略长，支在船艉或船侧的橹担上，入水一端的剖面呈弓形，另一端系在船上。航行时，用手摇动橹担绳，使伸入水中的橹板左右摆动，其前后会产生压力差，从而形成推力，推动船只前进，就像鱼儿摆尾前进一样。

人们在划桨时，桨板要反复提出水面做无用功。而橹利用了杠杆原理，只要来回摇动橹担绳，就可使橹板摆动拨水，推动船只前进。从桨到橹的演变，使得操作方式从"划"演变为鱼尾式的"摇"，从间歇划水变成连续划水，明显提高了推进效率。古人有"一橹三桨"的说法，即橹的效率可以达到桨的三倍。

橹在中国起源的具体时间尚难确定，从出土文物来看至晚出现于汉代。东汉的刘熙对橹字做了解释，认为它产生的力沿着船脊方向。此后在造船和航运事业的发展过程中，橹的形制不断增大，最初的橹只需一人就可摇动，后来逐渐出现需要二人、六人、八人、十几人，甚至二三十人摇的橹。每艘船上橹的数量也逐渐增加，既有艉橹，又有旁橹。一船所用的橹的数量有八具、十具，甚至多达三十六具。

橹的发明颇具意义。在欧洲古代，大船往往需要用大量奴隶或囚徒作苦力来划船才能前进。而在中国古代此类状况并未出现，早早就发明了橹这种轻便高效的推进装置是主要原因之一。有人认为近代螺旋桨的发明也是受到了橹的启发。

舵是怎么发明和使用的？

舵是船舶航行中制导航向的重要工具。它由舵杆和舵板组成。舵杆在船尾插入水中，下接舵板。大船会在船尾部建有舵楼，楼内安装辘轳或绞车，以便升降舵杆。例如在南京的明代宝船厂遗址就曾出土过一支长 11.07 米的铁力木舵杆。舵的原理在于，当船航行时，水流会在舵板上形成舵压，舵压与船的浮心之间形成一力矩，从而改变船的航向。

舵是中国人在造船领域的一大发明，至迟在东汉就已经出现。在舵的发展历程中，出现过多种形式的舵，如垂直舵、平衡舵、开孔舵等。其中，平衡舵至今仍是船舶设计中降转舵力矩的一个最普遍和有效的措施。早期船舵的舵杆多固定在舵面的一侧，舵杆与舵面重心有一定距离，转动时力矩较大，费力且

舵

不灵活。而平衡舵将舵杆固定在舵面重心所在的垂线上，可以缩短舵压力中心与舵轴的距离，减少转舵力矩，使转动的灵活度大大增加。这项技术在宋代就已广泛应用。

舵在船舶航行过程中的作用至关重要，宋代的周去非就曾在《岭外代答》一书中写道，船在海上航行，千百人的性命都寄于一舵。古人并不仅仅满足于舵的使用，还不懈地探索着舵的作用原理。明代的宋应星就在《天工开物》中对舵的功用做了详细的描述。

在国外，大约10世纪时，舵在阿拉伯一带开始使用。欧洲则直到12世纪末13世纪初才使用舵，平衡舵则是18世纪末才出现的。舵在欧洲的引进和使用，为15世纪的大航海时代创造了条件。

什么是车船？

车船是中国古代用人力驱动运转的明轮船，也称为车轮船。在古代，船舶推进主要依靠风力和人力。车船是在桨的基础上改进而成，使用脚力驱动。

据《南齐书·祖冲之传》记载，祖冲之曾制造一种"千里船"，可能是中国最早的车船，但由于记载过于简略，无法认定。今天能见到的关于车船的最早记载出自《旧唐书·李皋传》。李皋担任过江南节度使和洪州刺史，他发明的战船，在两侧各安装了一个桨轮，只要踏动桨轮，战船就可

车船

快速前进。古人将桨轮称为车，因此这种船只就被称为车船。

到了南宋时期，车船得到了迅速发展，由于车船需要许多人踩踏才能前进，一般作为战船来使用。李纲曾建造上下三层的车船，王彦恢制造的车船，安有四轮，每轮有八个桨片。木匠高宣曾创造大小车船十余种，他在桨轮外边装上护板，人们从外面看不到桨轮，只看到船只在水面上飞速行驶，颇感神奇。高宣制造的车船，大的装有二三十个桨轮，可以容纳两三百名士兵，在面对敌军小船时优势明显。

高宣之后，南宋朝廷对车船十分重视，命令各地船厂建造了许多车船，最大的装有九十多个桨轮。有的车船还在船尾安装一个大桨轮，增大推动力。随着车船越来越大，中型车船即可容纳两三百人，大型车船可容纳六七百人，最大的车船长一百多米，高二十多米，可容纳一千多人。

分解舶有什么用处?

随着造船技术的发展，古人为了装载更多的人和货物，就把船只造得越来越大。但这会遇到一个问题，在一些狭窄的河道中，由于航道宽度有限，船体的宽度就不可能太大。这样一来，为了增加船只的载重量，就只能加大船体的长度。但是，在狭窄的河道中，如果船体太长，遇到河流拐弯处就很难拐弯，更不方便转向。为此，古人发明了一种纵向连接的连体船，它可以拆分成各自独立的两段。当船只航行到河道拐弯处时，可以分解成两艘船，它们分别过弯，随后再重新连为一体。这种船如今叫作分解舶。

连环舟

在古代，为了节约水源，京杭大运河的宽度是有严格限制的，因此，这种分解船起初就被用在运河漕运中。在明代，分解船的理念还被用于战船制造中。例如，有一种用于火攻的连环舟，前段长度占三分之一，后段占三分之二，前段前部装有带倒须的大铁钉，后壁安装铁环，后段前壁安装铁钩，相互钩住成一艘船，所以叫作"连环舟"。作战时，前段装载引火物，士兵在后段划船，再借助风力和水流冲向敌船。在快要撞击到敌船时，士兵引燃前段引火物的火绳。撞击之后，铁钉插入敌船，因为铁钉上有倒须，轻易无法拔出。与此同时，利用撞击产生的前冲力使铁环与铁钩自行脱离。这样就可以焚烧或炸毁敌船，而士兵则驾驶后段船体逃脱。

古人是怎样进行地文导航的？

当船只航行在茫茫大海上，该怎么知道自己航行到了哪里呢？一个基本方法是利用岛屿和海岸上的山形来导航，这就是地文导航。在古代，随着人们对我国沿海地区地理知识的积累，一些容易辨识的海上地貌就被航海者当成了重要的陆标。

比如，渤海海峡风大浪险，往来航行需要特别小心。位于山东半岛最东端的成山头，就一直被往来船舶用来辨识位置。福建多山，沿海地区可以作为导航陆标的山峰很多，给往来船只提供了很大的便利。其中南安县的困山，因为山石秀丽挺拔，形状特殊，成为了一个

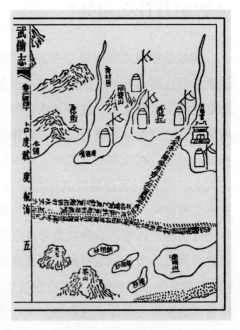

《郑和航海图》中的重要陆标

重要的陆标。

在一些缺乏标志性地貌的地方，人们为了导航，只好另想办法。比如，长江是我国的黄金水道，位于长江口南岸的上海，在古代就是我国沿海的重要港口。但上海所处的长江三角洲地势平坦，没有高大的山丘可供导航。这样一来，在天气晴好的时候，进出长江口的船只还能辨别清楚位置；如果是在夜间，或者遇上阴天下雨，船只就很容易迷失航向。

因此，在明代永乐年间，政府专门在海岸边堆建了一座土山，上面还修建了烽火台，白天放烟，夜晚明火，让相距遥远的船只也能看到。当地人将这座山称为"宝山"，如今上海的宝山区就由此得名。

什么是"过洋牵星术"？

远洋船舶航行在茫茫大海上，准确判定方位至关重要。通过观察日月星辰进行天文导航是一种基本方法。我国最迟在西汉初期就已经利用天文知识来导航了。到了宋代指南针应用于航海之后，海员们会结合航海天文技术和指南针来准确辨识方向。但直到此时，中国的天文导航一直没有脱离定性认识的窠臼。可以辨别方向，却无法判定船舶在海上的位置。元明时期出现了通过观测星辰的高度来计算船舶所在地理纬度的技术，称为"过洋牵星术"。郑和下西洋时，其船队就使用了一整套成熟的过洋牵星术。

过洋牵星术的主要工具是一种测量星体距水平线高度的仪器——牵星板，其原理相当于现在的六分仪。牵星板共有乌木制成的十二块大小不同的正方形木板，它的单位叫作指，分别是一指、二指、一直到十二指。一指约合二厘米。以一条绳贯穿在木板的中心。另有一块象牙板，长约六厘米，四角刻有缺口，缺口四边的长度分别是半角、一角、二角、三角（一角为四分之一指）。使用时观察者一手持板，手臂向前伸直，另一手持住绳端置于眼前。此时，眼看方板上下边缘，将下边缘与水平线取平，结合象牙板，使上边缘与被测的星体重合，然后根据所用之板属于几指，便得出星辰高度的指数。

在郑和船队使用的航海图后面，还附有"过洋牵星图"四幅，它们是郑和船队横渡北印度洋时使用的，从中我们可以领略当年郑和船队运用过洋牵星术导航的场景。

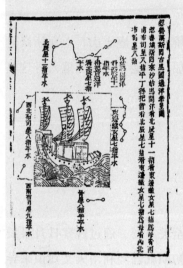
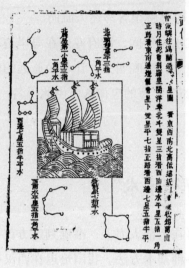

《郑和航海图·过洋牵星图》

京杭大运河是怎么开凿的？

在古代，水运的成本大大低于陆运，中国开挖运河的历史非常悠久。在隋代形成了以洛阳为中心的之字形运河。到了元代，政治中心转移到北京（大都），而经济中心一直在江南，这就需要将南方的粮食和其他物资源源不断地运到北方，于是便开凿了沟通南北的大运河。其中淮河以南河段基本为前代运河，淮河以北则改由山东、河北至北京。至元三十年（1293）大运河全线通航，但元代一直没能解决好黄河以北河段的水源问题，运河的运输量仍然低于海运。

大运河山东段由于地势较高，是整条运河沟通的难点。明永乐年间，对穿过山东地垒的会通河段加以改造。当时的工部尚书宋礼采纳民间水利家白英的意见，在地势最高的汶上县修筑戴村坝，引汶水西行从南旺入运河，并修建南旺分水枢纽，河水在此七分向北流，三分向南流，解决了运河水源不足的问题。

此外，还通过增加船闸改善运河高差，解决水量调节问题。为了保障运河通航用水，在运河沿线修建许多水柜（即水库）储水。从元代开始运河与黄河在徐州交汇，徐州至淮阴段利用黄河河道行运。从明嘉靖至清康熙年间，经过一系列改造，运河终于完全与黄河脱离，只在淮阴清口与之相交。

京杭大运河沟通了海河、黄河、淮河、长江和钱塘江五大水系，在明清两代一直是国家的交通命脉。到了1855年，黄河改道由山东入海，运河由此迅速衰落。至20世纪初清政府撤销了运河管理机构，盛行数百年的大运河漕运才被废止。

11

为什么要挖灵渠？

灵渠是全世界现存最古老的运河之一，它位于今天的广西壮族自治区兴安县境内，古称秦凿渠、零渠、陡河、兴安运河、湘桂运河。它连接了兴安县东面的海洋河（湘江源头）和西面的大溶江（漓江源头），从而沟通了长江与珠江两大水系。

秦始皇统一六国后，于公元前221年发兵岭南，遭到当地民众顽强抵抗，三年兵不能进，粮饷转运困难。于是，公元前219年，秦始皇命人在兴安境内湘江与漓江之间开凿灵渠来运载粮饷。这条运河于公元前214年完工，全长30多公里，之后秦始皇迅速统一了岭南。

此后灵渠就成为了一条重要的运输通道。汉代也曾用灵渠来运兵运粮。早期的灵渠工程设施并不完善，修护管理也不妥当，到了唐宋时期，人们又对灵渠进行了几次大规模技术改造和整治。元明清三代，又在唐宋格局的基础上对灵渠进行了多次修治，明清时期也是灵渠水运的黄金时期。

如今人们见到的灵渠主体工程由铧嘴、大天平、小天平、南渠、北渠、泄水天平、水涵、陡门、堰坝、秦堤、桥梁等部分组成。这些工程的兴建时间有所不同，如今它们互相关联，都是灵渠不可缺少的组成部分。

在古代，由于技术条件的限制，陆路运输的费用远高于水运。灵渠的开凿使长江流域与珠江流域的水运网络连成一片，自秦以来，对巩固国家统一、密切人民往来、加强各地区之间的交流都起到了重要作用。

什么是"束水攻沙"？

中国古代治理黄河的方法，一般都着重考虑排泄洪水，束水攻沙则是一种从解决泥沙淤积入手的方法。具体办法是在宽浅河段筑堤束狭河槽，增加流速，利用水流本身的力量来冲刷泥沙，防止淤积。

西汉时的张戎最早提出了类似的主张，认为从高往低流是水的本性，流速越大，就越能冲刷河床，逐渐刷深河槽。因此他提出要保持河水自身的挟沙能力，排沙入海，特别是在春季枯水时期，应该停止黄河中上游的引水灌溉，以免分水过多，造成下游河道淤积而遭决溢之患。但历代治河的主流做法却是宽筑堤防，不与水争地，开支河分减洪水。

潘季驯塑像

"束水攻沙"之法的大规模实践是在明清时期。明代前期的治河思想仍以分水为主，水利专家万恭率先提出"以河治河"，此后主持治理黄河、淮河和运河长达 27 年的潘季驯，不仅从实践上改变了过去治河单纯治水、不注重治沙的传统，还系统地提出了"束水攻沙"的治河方略，并提出在黄淮交汇处利用淮河的清水冲刷黄河河床的方法，即"蓄清刷黄"。

为了达到这一目的，潘季驯十分重视堤防的作用，将堤防功用由单纯的防洪挡水扩展为治河治沙。黄河上的堤防类型也变得更加丰富，包括防御大洪水的遥堤、约束河水归于主槽的缕堤、固堤固滩的格堤和分流洪水的各种溢流工程。经过潘季驯的整治，黄河河道基本趋于稳定，河患显著减轻。此后清代的靳辅、陈潢等人也奉行这一治河方略。

 13

在古代河流决口是怎么进行堵口的?

当河流发生洪水时，如果堤防崩塌溃决，就可能造成严重的灾害，这时必须进行堵口。

中国古代关于堵口的最早记载出自西汉年间。汉武帝时黄河在今河南濮阳县西南的瓠子决口，洪水横流 23 年之久，朝廷才动员几万民工和士兵堵口。堵口关键时刻，汉武帝下令随从自将军以下全部背负物料参加堵口，这才最终成功。当时使用的方法是用竹子编制成竹笼，中间填入石块，构成体积和重量巨大的构件来堵口。为此将从前战国时代卫国皇家苑囿淇园的竹子都砍下来使用。此后汉成帝时黄河又在馆陶一带决口，用类似的方法，只用 36 天便堵口成功。

中国古代的堵口技术在北宋达到顶峰。通常的方法是先在决口口门两侧设立测量用的表杆，再沿口门上游架设浮桥。沿上口下木桩若干，再于木桩上游抛石减缓水速。然后从决口两端分别向中央筑堤埽，待最后剩一小口时抛下大量土包，最后用胶土填塞渗流。

清代的堵口方法根据口门宽窄、水流大小和河槽土质不同，分为单坝进堵和双坝进堵。如果口门较小，水势较弱，土质较好，可采用单坝进堵，从口门一端向另一端进堵（俗称独龙过江），或者两端同时向中间进堵。否则就采用双坝进堵，即在正坝之后再修一道边坝。在堵口最后阶段，如果上下水头差太大，则需要在决口处下游再修一道坝（俗称二坝），用来顶托洪水，减小大坝压力。

14

什么是埽工？

埽是一种用树枝、秫秸、草和土石捆扎而成的水工构件，主要用来构筑护岸工程，以及在抢险堵口时使用。多个埽连接成一体则叫作埽工。埽工为中国所特有，在战国时期就已出现。正式得名则是在北宋初年，此时埽工已经广泛使用在黄河工程中。此后直到民国年间，埽工一直是护岸堵口的主要工程形式。

埽工最早的形制是卷埽。制作时先用草绳编织成网状，上面铺上一层树枝，树枝上铺草，草上铺土和碎石。然后推卷成捆，再用绳索捆扎，制成一个庞大的草土圆柱体。多个埽之间纵横排列，中间再用绳索牵连成整体。

埽工直接在堤坝上制作，完成后就推入水中堵口或护坡。埽工在水中的固定方式有两种，一种是用长木桩贯穿埽体，插入河底。另一种是用绳索将埽体固定在木桩上。在堤坝容易溃决的河段，还要预先制作埽工以备洪水。

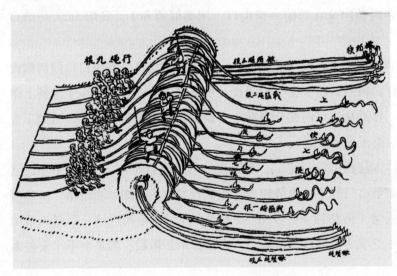

埽工

清乾隆年间，卷埽又被灵活省工的厢埽取代。施工时在坝头停靠一艘捆厢船，船和堤之间挂绳索，绳索上铺秫秸和土，再捆扎成坯，一坯坯逐渐压向河底。

埽工的优点很多，它就地取材，制作迅速，可在水上施工。埽工具有良好的柔韧性，可以适应水下复杂的地形。在多沙河流中使用时，泥沙可以进入埽体，使其更加坚固。

埽工的缺陷在于材料容易腐烂，需要经常修理更换。而且坚固性比石堤差。但是，石堤成本高且加工不易。直到混凝土材料出现之后，埽工才逐渐被取代。

 15

水则是做什么用的？

在一年之中，河湖的水位是不断变化的。人们为了认识河湖的涨落情况，就要想办法用精确的计量方法对它进行描述，在水中安放人工制作的物体来测量水位，这叫作"水尺"或"水则"。

战国时期李冰父子在都江堰工程中安放的三个石人就是一种水尺。石人的设计很巧妙，但它的缺陷是没有刻度，只能大致确定水位的高低。此后人们广泛采用的是有精确刻度的水尺。

例如，在宋代，太湖地区的吴江县出现了一块"吴江水则碑"，分为左右两块。左边一块用来记录历年洪水的最高水位，碑上刻有七个刻度（叫作"则"），每则之间相距约 0.25 米，并刻有碑文，详细描述了当水位达到某个刻度的时候将会发生的情况。比如，当水位在最下面一则时，高处和低处的农田都安然无恙；当水位到达第二则时，极低处的农田就会被淹没。以此类推，当水位没过第七则，连极高处的农田也会被淹没。

从吴江水则碑可以看出，当时的人们已经掌握了水位变化与农田地形之间的定量关系，水则碑在建立之前应该经过了测量。如果某一年的洪水位特别高，就在碑的表面刻上"某年水至此"的字样。右边一块碑则记载一年之内每旬每月的水位变化，碑上刻有一年十二个月的名称，每月又分上、中、下三旬。左、右两碑合并使用，就可以了解当地短期和长期两种水位变化情况了。

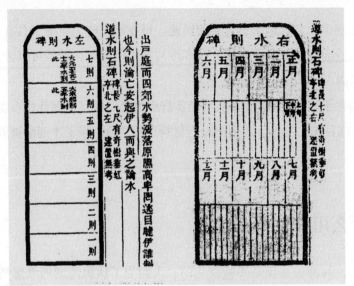

吴江水则碑

白鹤梁题刻是干什么用的?

今天，在重庆市涪陵城北的长江中，有一座被誉为"世界第一古代水文站"的白鹤梁水下博物馆。

在古代，人们遇到罕见的洪水和枯水状况时，经常将水位直接刻在河流边的岩石上作为记录。在长江干流和许多支流上都有这样的题刻，留存至今的大约有1000个。现存最早的题刻位于今天的重庆市忠县，刻于南宋绍兴二十三年（1153）六月十七日。在不同的河段，对于同一次大洪水，往往会有许多处题刻，比如乾隆五十三年（1788）的一次大洪水，在长江上游就留下来19处题刻。

在所有这些题刻中，以白鹤梁枯水位题刻群最为著名。白鹤梁位于长江南岸，是一块长约 1600 米，宽 16 米的天然巨型石梁，仅在一些年份冬春枯水期才能露出水面，因此古人就根据白鹤梁露出水面的高度来计算水位。从唐代起，人们就在白鹤梁上刻画石鱼作为标志，从那以后的 1200 多年间，人们不断将枯水状况记录在白鹤梁上，留存到现在的题刻达到 163 处，共记录了 72 个枯水年份的水位值。由于白鹤梁上的石鱼只有在水位下降到一定程度的枯水年份才会露出水面，涪陵民间还产生了"石鱼出水兆丰年"的说法。每当石鱼出水，人们奔走相告，观者络绎不绝。

白鹤梁题刻

在修建三峡工程的时候，为了保护即将被水淹没的白鹤梁，人们用一个容器将白鹤梁罩住，并建成了这座水下博物馆。

17

什么是"挑水坝"？

挑水坝是河防工程中伸入河道之内用来分水势的堤坝。在河防工程中，两岸的堤坝只能起到防御作用，但有时候为了保护下游堤防的安全，需要将河水大溜挑离本岸，减轻水流对本岸的冲刷，这时就需要修建挑水坝。为取得良好的挑溜效果，有时还需要连续修筑多道挑水坝。

挑水坝在宋代被形象地称作"签堤"，即插入河身的堤坝。绍圣元年（1094）时黄河南岸的广武埽受黄河大溜顶冲造成险情，于是在上游筑挑水坝将大溜挑离南岸。挑水坝的长短在修建时需要仔细斟酌，如果太短就起不到挑溜的作用，太长的话又可能将大溜挑至对岸，造成对岸的险情。但挑水坝长度往往难以精确计算，水流本身的缓急和走向又会经常变化，于是人们会采取连续修筑两三道挑水坝的方法，彼此相隔十多丈至数十丈。

除了保护堤岸外，在堵口时，为减轻堵口施工的压力，也经常在上游修建挑水坝，将主流从决口处挑回原来的河道。由于被挑水坝保护的下游会形成回流，也有助于淤滩固堤。

除了土石建造的挑水坝，清代乾隆年间，在黄淮交汇的清口附近曾使用过一种挑水木龙，以大木为骨，用树枝编织成网状，高六七尺、长数十丈，一头置于岸边，龙身约呈45°角挺入急流。因黄河泥沙多，当水流通过木龙时，泥沙便逐渐在木龙处淤积成滩，起到挑水坝的作用。但其造价远低于挑水坝，且用过之后还可挖出，移至其他河段重复使用，是一种非常巧妙的设计。

18

都江堰有哪些特点？

水利工程都江堰位于今天四川省都江堰市西的岷江干流上，始建于战国秦昭王末年，最早由秦国蜀郡太守李冰父子主持修建，沿用至今，是现存最早的无坝引水工程。

李冰在岷江左岸山崖凿离堆，引岷江水进入平原进行灌溉，后来人们将这一工程称作"宝瓶口"。李冰制作了三个石人立于水中，用来观测和控制水流量，使水竭不至足，盛不没肩。此后人们以宝瓶口为基础不断改造完善都江堰。到了唐代，都江堰已经拥有了鱼嘴、飞沙堰和宝瓶口三大工程，此后再没有大的变革。

鱼嘴位于宝瓶口上游江心沙洲顶端，将岷江水流一分为二。东边连接宝瓶口的内江为引水总干渠，西边的外江为岷江正流。人们每年淘挖内江河床，从而形成内江窄而深，外江宽而浅的格局。这样一来，枯水季节60%的江水流入较深的内江，而当洪水来临时，大部分江水从较宽的外江排走，从而适应了灌溉与防洪的需要。飞沙堰位于内江右岸的弯道处，比内江河床高出2米，如果内江水位过高，多余的水就会漫过飞沙堰流入外江，起到泄洪排沙的作用。如果出现非常大的洪水，飞沙堰可自行溃决加大泄洪量。

李冰父子像

　　除工程设计精巧外，有效的管理维护也是都江堰在两千多年间一直发挥作用的关键。古代堰体为竹笼结构，需要经常更换，内江河道也会不断淤积。宋代规定每年冬春枯水季节进行岁修，修整堰体，深淘河道，并对淘挖深度和堰体高度做了具体规定。

19

它山堰有哪些特点？

　　在我国东南滨海地区，尽管水资源很丰富，但一年之内水量不平衡，并且还时常受到咸潮的侵害。它山堰位于浙江省宁波市鄞江镇，是在甬江支流鄞江上修建的水利枢纽工程，主要作用是御咸蓄淡和引水灌溉。

它山堰始建于唐太和七年（833）。在筑堰之前，海潮可以沿甬江上溯，导致耕田卤化，危害明州城居民生活用水。于是，人们在鄞江上游出山处的四明山与它山之间砌筑了一座拦河溢流坝，用来阻挡咸潮，同时拦蓄江水。坝体用巨型条石垒成，每块长 2—3 米，重 800—1200 公斤。坝轴线向上游凸出 6 度，起到拱坝分洪作用。坝基础无桩，施工时在清理河床表层松散砂卵石至坚隔层后，挖成向上游倾斜的斜坡面，提高了稳定力。同时，在坝后开渠引水，灌溉鄞县东部七个乡的数千顷农田。干渠穿明州城而过，为城内供水，之后再流入甬江。

由于鄞江上游水土流失严重，导致泥沙不断淤积在它山堰，需要经常清淤。南宋时，为了减少清淤工程量，在它山堰以上的引水段又兴建了回沙闸，这样进水口前水流速度减慢，清淤范围就控制在了渠首和干渠上游段。该闸也起到了调节水量的作用。

它山堰经历代维护增建，形成了完整的水利系统，如今仍然发挥着阻咸蓄淡、引水泄洪的作用。其中本堰建成至今近 1200 年，遭遇过上百次大洪水，堰顶过水最高达 5 米以上，至今屹立不毁。

20

江浙海塘是怎么修筑的？

我们都知道，长城和大运河是中国古代的两项伟大工程，其实在我国东南沿海地区，还有一项可以与它们媲美的工程，这就是江浙海塘。

江浙海塘位于钱塘江口。钱塘江口呈喇叭形，这种自然地理条件，一方面造就了壮观的钱塘江涌潮，另一方面，也使这里成为受风暴潮灾害侵袭最严重的地区之一。钱塘江三角洲在秦汉以后逐渐得到开发。最初的海塘为土塘，可能出现于东汉。到了唐代海塘的规模已较大。五代吴越国时期修筑的海塘以木栅为格，格内填入砖石，经涨沙充淤后，远比土塘坚固，是一种从土塘到石塘的过渡类型。

宋代的海塘规模又比唐代大得多，而且出现了最早的石塘。相传北宋的王安石在担任鄞县知县时发明了一种"坡陀法"，用碎石砌筑海塘，向海面砌成斜坡，其上再覆以斜立长条石。这种石塘有消减水势的作用，比壁立式海塘稳定。石塘兴起后，在有些塘段内侧另筑土塘作为第二道防线，称作"土备塘"。

明清时期，江浙沿海地区的农业在全国有着至关重要的地位，因此朝廷对江浙海塘投入巨大。明代海塘经过五轮探索改进，最终定型为五纵五横的鱼鳞石塘。清代继续改进鱼鳞石塘。康熙、雍正、乾隆三朝曾动员大量人力物力修筑江浙海塘。在历代建筑的基础上，全部改土塘为石塘，从金山卫到杭州长达150多公里。在受涌潮威胁最大的地区一律建成造价高昂的新式鱼鳞石塘。

21

为什么要挖掘坎儿井？

坎儿井是荒漠地区的一种灌溉系统，在我国主要分布在新疆。这里距离海洋遥远，降雨量很少，气候干燥酷热，风沙大，蒸发量也大，因此就需要开挖坎儿井，它利用雪水渗透进入砾石层或潜水作为水源，利用山的坡度，引地下潜流灌溉农田。

坎儿井系统一般由竖井、暗渠、明渠和涝坝（一种小型蓄水池）四部分组成。暗渠是坎儿井的主体，开挖前要先打竖井寻找水源，发现地下水之后每隔三四丈打一口竖井。竖井的总数少则几十，多则一二百。再将各个竖井的底部挖通成为暗渠，让水顺着暗渠流淌，最终流出地面。然后在出口前方500米左右的地方挖一个涝坝蓄水，涝坝的容积一般为数十至数百立方米。水从涝坝流出进入明渠，用于农田灌溉。坎儿井的长度一般为两三公里，最长的哈拉巴斯曼渠长达150公里，能灌溉田地16900多亩。

坎儿井完全依靠地下水自流，不需动力就可引水灌溉。水在暗渠中流动，避免了高温和狂风导致的大量蒸发，水量稳定。地下水质清洁，也可供人畜引用。

坎儿井究竟起源于何时，是中国独立发明还是由域外传入目前尚有争议。关于坎儿井最早的明确记载出现在清代嘉庆年间的吐鲁番地区。民族英雄林则徐对坎儿井的发展起过很大作用，他在发配伊犁途中第一次看到坎儿井，非常惊奇，此后便在兴办水利时大力推广。根据 1962 年的统计，新疆境内共有坎儿井 1700 多条。

22

古人怎样通过放淤来改良土壤？

放淤指的是有计划地将含有大量泥沙的河水引入荒地或农田，使泥沙沉积，从而改良土壤的一种措施。农田放淤也称为"淤灌"。这种方法在中国古代出现很早。

战国魏国文侯二十五年（前 422）修漳水十二渠，引淤水灌溉，使盐碱地变为良田。战国末年秦国修筑郑国渠，引含沙量高的泾水灌溉盐碱地四万余顷，"于是关中为沃野，无凶年"。到了宋代，放淤措施遍及今天陕西、山西、河北、河南的广大区域，黄河干流、汴河、漳河、滹沱河等多沙河流都被用来淤灌，以汴河两岸淤灌土地最多。熙宁年间（1068—1077），王安石变法积极推广放淤，先后设置"提举沿汴淤田"和"都大提举淤田司"，并在汴河上专门修建斗门。仅熙宁七年至十年（1074—1077）三年间由国家投资的淤灌面积就达到六百多万亩。此外民间许多地方还自己出资淤灌。山西一些地方也开始利用洪水淤灌。明清时期宁夏河套地区通过淤灌来种植水稻。

古代淤灌时间一般在夏季，此时水量充沛，泥沙中有机质丰富。淤灌时在河流上开引水口，一般要避开主流，以免造成主流由引水口改道。如果在缺水地区淤灌过于频繁，也会危及航运。明代北方大运河沿岸百姓经常挖开运河堤防淤灌，导致漕运不畅，政府不得不严加阻止。《大明律》和《大清律》都有专门条例禁止在运河及运河的水源河上开引水口放淤。夏季放淤时如果掌握不好，也会造成河水泛滥成灾。

23

《营造法式》是一部什么样的书？

　　《营造法式》是北宋官方颁布的关于建筑工程做法和工料定额的专书，是我国最早的建筑工程规范，刊行于北宋崇宁二年（1103）。作者李诫是北宋著名建筑师，编书之前已在主管土木建筑工程的机构"将作监"工作多年，主持了大量建筑工程，有丰富的工程管理经验。

"营造法式"书影

　　《营造法式》正文分为释名、诸作制度、功限、料例和图样5个部分，共34卷，357篇，3555条，其中3272条是当时汴京建筑工程中工匠相传并且经久可用之法。该书在我国建筑业中最早采用了模数制，也就是建筑物、建筑构配件尺寸的标准化。与此同时，该书在建筑设计方面仍有相当的灵活性，虽然各工种的操作规程都有相应的做法规定，但并未对群体建筑的布局和单体建筑的平面尺寸等有所限制，对建筑单体和构件的比例、尺寸可以按照实际情况来确定，以充分发挥设计者的创造性。

　　该书还以大量篇幅叙述工限和料例。例如对劳动定额的计算，首先按四季分为中工、长工和短工，各有不同的定额。对每一工种的不同构件，按照等级、大小和质量要求，都分别规定了工值的计算方法。对于各种材料的消耗也有详尽而具体的定额。这些规定为编造预算和施工组织订出了严格的标准，便于生产和检查。

　　《营造法式》是北宋建筑设计与施工经验的集合与总结，当时建筑工程中方方面面的问题在《营造法式》中都有法可依、有章可循，对后世产生了深远影响。

24

窑洞是怎么开凿的？

穴居是远古人类的一种主要居住方式。在我国历史上，不仅汉民族有悠久的穴居传统，在各少数民族地区也存在着大量的穴居。窑洞是一种典型的穴居，我国中原和西北各地属于黄土区域，黄土层土质坚韧，壁立性好，非常适合开凿窑洞。直到今天，很多地方仍然保留着住窑洞的传统，可以分为五大窑洞区：晋中窑洞区、豫西窑洞区、陇东窑洞区、陕北窑洞区和冀北窑洞区。

窑洞并未改变黄土的天然结构，只是利用了黄土层自身的力学性质。开凿窑洞要解决的问题包括位置和洞形的选择，以及防裂、防塌和防水的措施。窑洞一般选择土质较好、地下水较低的地方，各地的土壤性质不尽相同，使得窑洞的形制和规模也存在差异。陇东窑洞的拱顶做成尖心券，上部重量可直达壁体。陕北窑洞的券口是半圆形，宽大开阔。窑洞的开间一般在2.5—2.5米之间，

陕北窑洞

住人的窑洞深度一般不超过 6.5 米。有的窑洞为了扩大使用面积，还在窑内挖掘横向的洞龛，用来储藏物品或安排炕床。

由于窑洞是在土崖的壁立面上开凿的，要保证土崖的坚固，防止坍塌，可以用砖石砌墙来保护壁面，还要在崖顶挖掘沟渠来排水，减少雨水对崖壁的冲刷。此外，还可以在崖顶培植绿化，增加崖顶的强度。有的窑洞在窑内加砌一道砖石，不仅可以改善窑内环境，还可以增加窑洞的坚固性。

 25

古代建筑为什么偏爱夯土？

夯土技术是中国古代的一项重要建筑技术，从单个建筑的基础和墙体到城市的城墙，通常都是用夯土法制作的。其优点是取材方便，造价低廉。

夯土技术在商代就已大规模应用。河南偃师二里头商代早期宫殿遗址的台基就全部用夯土筑成。到了商代中期出现了用木模板夯筑的方法，这是大型建筑向高耸发展的一个必不可少的技术条件。

夯土墙

夯筑时先在一个长方形木框里填上土，用工具夯实，然后撤去木框，再在夯好的土层上夯下一层。这样层层叠筑，直至必要的高度。在夯土筑墙时为了保证墙体的牢固，一般墙基部分较厚，向上逐渐变薄，截面大致呈梯形。宋代的《营造法式》规定，官式建筑的墙高为墙基厚度的 3 倍。例如墙高 9 尺，那么墙基厚 3 尺，墙顶厚 1.5 尺。

中国传统居住建筑以木构为主，很少出现纯粹的砖石结构。在砖石建筑中，墙体起到承重的作用；而在木构建筑中，墙体只起到围护作用，并不用来承重，这是夯土技术在高等级建筑中一直沿用的一大原因。

夯土墙也有缺陷，如果直接暴露在外，就容易受到侵蚀和破坏，看上去也不美观，因此需要在墙面上进行粉饰，在台基四周包上砖石加固。对于夯土城墙，为了防范战时敌人的破坏，也可以在外部包砖成为砖城。明代曾大量对城墙进行包砖处理，如今保存较好的西安古城墙便是在明穆宗隆庆年间由土城变为砖城的。

古代盖房子都用什么砖？

砖是一种最基本的建筑材料。在中国古代，砖的使用可以上溯至周朝。最早的砖是未经烧制的土坯砖，到了战国晚期，已经出现了较为成熟的陶化粘土砖。

中国传统建筑中最常用的是青砖。粘土中含有的铁在烧制过程中氧化生成红色的三氧化二铁，如果自然冷却即为红砖；而如果加水冷却，使三氧化二铁转化为四氧化三铁，则成为青砖。虽然二者的强度、硬度差不多，但青砖在抗氧化、水化和大气侵蚀等方面性能明显优于红砖，因此得到了广泛使用。

以功能分类，古代的砖可分为砌筑砖和饰面砖。砌筑砖可以保护建筑物的薄弱部分（例如台基和墙体下段），同时增强建筑的美感，又可分为铺地砖、护墙砖等。自汉代以后，色彩明亮的琉璃饰面砖得到了广泛使用。

《天工开物》中的泥造砖坯

以形态分类，古代的砖可分为空心砖、条砖和异形砖。空心砖一般体积较大，长度可达一米以上。条形砖则体积小重量轻，可以灵活使用，唐宋以后得到广泛使用，用来砌筑墙体、包砌城墙等，还出现了采用拱券结构、不用寸木的无梁殿。如今留存的佛塔多数也是用条砖砌成的。

早期在砌砖时一般不用砂浆或黏土胶结，汉代以后才逐渐使用黄泥浆，到了宋以后又普遍使用石灰砂浆。在砖的制作过程中，人们还可以通过压模在上面印出各种花纹和造型，或是在烧制完成后进行雕刻。

27

古人盖房子用什么做胶凝材料？

盖砖石结构的房子，都要用到胶凝材料。中国早期的砖石建筑，胶凝材料的主要成分一般是黏土。比如西安的唐代建筑小雁塔就是如此。直到宋代的一些墓葬仍然用黏土作为胶凝材料。以石灰为主要成分的胶凝材料，在汉代的墓葬中就已出现，但应用一直不广。到了宋代以后，随着砖结构的建筑增多，以及石灰生产的发展，许多建筑都采用石灰作为胶凝材料的主要成分，人们一般称其为"羼灰泥"。

对于石灰砂浆的配比问题，在明清时期，人们注意到不同产地的沙子的粒度和含泥量有所不同，与石灰的配比也不尽相同。此外，砌石用的灰泥，为了保证灰泥硬结之前石块不变位，人们还会在灰泥中加入小片石。北京圆明园的西洋楼就采用了这种方法。

在古代，人们还向石灰中掺和某些有机材料，比如桐油、糯米汁、血料等等。桐油石灰有着良好的憎水性，除了用来盖房子，还可以用于造船。在唐代人们将桐油石灰当作木船的填缝材料。北京圆明园的假山叠石也采用了桐油石灰。

传说秦代修筑长城的时候，就将糯米引入了建筑材料中。实验表明，糯米石灰的早期强度不如纯石灰，但是在潮湿的条件下，后期强度的生成要比纯石灰快。明代修筑南京城垣，是以条石为基，中间夯土，外面包砖，用石灰作为胶凝材料，重要部位则要用石灰加糯米灌浆。在清代，人们还在糯米石灰中加入白矾，进一步增加强度。

万里长城是如何修建的？

万里长城是人类历史上规模最为宏大的军事工程。长城的修建始于春秋战国时期，包括列国之间的互防长城，以及防御北方游牧民族的拒胡长城。秦统一中国后，以燕、赵、秦三国长城为基础修缮增筑为万里长城，此后各朝代不断修筑，现存的长城大部分为明长城。

长城的主体为城墙，一般修建于山脉的分水岭上，各段构造受地理条件和技术水平等因素的影响而不尽相同。修建长城所需建筑材料数量巨大，一般就地取材。最初的长城以版筑夯土为主，以木板为模，内填黏土或灰石，再层层夯实。此法施工简便，方便就地取材，缺点是坚固程度不够，且容易遭受风霜雨雪侵蚀，比较适合降水稀少的地区。

长城

此后结构坚实的砖石被应用在长城建造中，砖石混砌墙一般以条石为基，垒到一定高度之后再砌青砖。除了完全采用砖石结构的城墙，更常用的方法是在夯土城墙外包砖石，有的两侧都包砖石，有的仅在外侧包砖石。此外有些地带利用山崖修建垛墙，或劈山崖作墙；在辽东有木板墙和柳条墙，黄河突口处在冬季设冰墙。

在城墙上每隔一段距离建敌台一座。在明中叶之前，敌台为实心结构，士兵可在台顶瞭望射击；此后开始出现空心敌台，台内可供士兵居住。烽火台建在山岭的最高处，用于传递重要消息。台上储薪，遇有敌情发生，则白天施烟，夜间点火。在长城与交通线相交的地方设有关隘，一般要加建一道城墙，设营堡和廓台，派兵驻守，重要关口则建筑多层城墙。

29

"钩心斗角"的原意指什么？

如今我们常用"钩心斗角"（也写作"勾心斗角"）来形容人们用尽心机明争暗斗。这个成语的本意是形容宫室建筑结构的交错和精巧，出自唐代诗人杜牧的《阿房宫赋》："五步一楼，十步一阁。廊腰缦回，檐牙高啄。各抱地势，钩心斗角。"这里的"心"指宫室中心，而"角"指屋檐角，意思是阿房宫的房屋依势而建，屋内建筑向房心聚集，房屋边角对峙而立，大气壮观。

中国古代宫殿建筑的主要形式为木构，其基本结构是用柱和梁支撑，屋檐角挑出，这样不但造型美观，还可以让充足的光线照入屋内，更能保护房屋的墙体和门窗免受日晒、雨淋的损害。这样的建筑外形是如何实现的呢？它有赖于柱顶与屋顶之间支承出挑屋檐的结构，即"斗拱"，这是中国建筑特有的一种结构。在立柱和横梁交接处，从柱顶上加的一层层探出成弓形的承重结构叫拱，拱与拱之间垫的方形木块叫斗，合称斗拱。

斗拱因其位置不同名称也有别，如最下面的斗叫栌斗，上面叫华拱。斗拱位于柱与梁之间，由屋面和上层构架传下来的荷载，要通过斗拱传给柱子，再

钩心斗角

由柱传到基础，因此，它起着承上启下，传递荷载的作用。另一方面，它向外出挑，可把最外层的桁檀挑出一定距离，使建筑物出檐更加深远，造型更加优美、壮观。此外斗拱还具有装饰和抗震的作用。

30

"明修栈道"难在哪里？

　　成语"明修栈道，暗度陈仓"是指用明显的行动迷惑对方，使敌人忽略自己的真实意图，从而出奇制胜。这个成语出自秦末刘邦从汉中出兵攻项羽，故意命人重修之前进入巴蜀时烧毁的褒斜栈道，却暗中绕道奔袭陈仓的典故。

　　栈道早在东周时期就已出现，也称阁道、桥道或桥阁道，是一种为克服山区谷深水急而修建的傍崖架空的道路。行人车马只能在上层通过，下层则是谷石与流水。栈道的建造方法和基本形制为：在河面狭窄、水流湍急、两岸壁立的悬崖峭壁上，在比河面略高的地方凿出石洞，穿以横梁，并在梁下相应的河底岩石上凿出数目不等的竖洞，插入木桩来支撑横梁。再在相邻的两条横梁上

栈道

铺上木板，这样人马车辆就可以在木板上通过了。

　　还有一种结构比较简单的栈道，只有横梁而无立柱支撑，一般位于水流湍急之处。这种栈道并不牢固，因此有的地方在横梁之下的岩壁上再打斜孔，安上斜柱支撑横梁。为了坚固和节省木料，也有以石为梁的石质栈道。但无论什么样的栈道，修筑起来都相当困难，据说刘邦命人重修褒斜栈道的工程三年也修不完，因此才具有麻痹敌人的作用。

　　栈道是中国道路修筑技术的一大创造，对改善南方多雨山区的交通条件有重要作用，在我国西南山区得到广泛应用。关中平原与四川盆地之间的各条蜀道，都有相当一部分路段由栈道构成。其中褒斜栈道南端的石门，还建有长十几米、宽四米多的世界上开凿最早的通车隧道。

31

赵州桥有哪些特别之处？

　　坐落在河北省赵县洨河上的赵州桥，又称安济桥，建于隋代，是现存第二早的古代单孔敞肩石拱桥。

赵州桥由著名匠师李春设计建造，桥长 50.82 米，自重为 2800 吨。其桥址选在洨河两岸较为平直的地方，根基只是有五层石条砌成的高 1.56 米的桥台，直接建在自然砂石上，自建成至今桥基仅下沉了 5 厘米，可见桥址选择的合理性。

在我国古代，一般较长的桥梁都采用多孔结构，而赵州桥采用了单孔长跨结构，河心不立桥墩，石拱跨径长达 37.02 米。古代石桥的拱形大多为半圆形，但这种拱形会导致交通不便，还会增加施工时的危险性，赵州桥创造性地采用了圆弧拱形式，拱高只有 7.23 米，拱高和跨度之比为 1 : 5 左右，从而实现了低桥面和大跨度的双重目的。

赵州桥的桥身由 28 道厚 1.03 米的并列石拱组成，每道石拱都能独立支撑上面的重量，一道坏了，其他各道不致受到影响。李春对桥梁结构的另一项重大改进是敞肩，在桥拱两端一段填实的桥肩处又各砌二小拱，其余再用石块填砌。这种设计既减轻桥的重量，节约了石料，又有利于洪水暴发时增加桥洞的过水量，减轻洪水对桥身的冲击。据计算这 4 个小拱节省石料 26 立方米，减轻自重 700 吨，增加过水面积约 16%。大拱加小拱的设计也提升了桥梁的美感。

在欧洲，同类型的敞肩拱桥直到 19 世纪中期才出现，比赵州桥晚了 1200 多年。

赵州桥

32

中国古代有跨海大桥吗？

有的。其中最有名的是位于现今福建泉州市的安平桥。安平桥又名西桥，俗称五里桥。位于晋江安海镇与南安水头镇之间。始建于南宋绍兴八年（1138），由当地富商捐资修建，于绍兴二十二年（1152）完工，前后修了十四年。当时安海镇边的海湾是一个十分繁荣的贸易港口，同对面的水头镇往来频繁，两边一直依靠船来运货，很不方便，人们就决定在两镇之间架桥。安海镇古称安平道，于是此桥得名安平桥。

安平桥全长 2070 米，桥面宽 3—3.8 米，用巨大的石板拼成，每排 6—7 块，每块石板重 12—13 吨。下部共有桥墩 361 个，都以条石纵横叠砌而成，有长方形、尖端船形、半船形三种。尖端船形墩两端都成尖状，便于排水，设在水流较急而较宽的主要港道。而半船形墩则一端成尖状，另一端为方形，设于较缓的港道；桥上修建有五座供行人休息和避雨的亭子。东端为水心亭，西端为海潮庵，中部的中亭规模最大，面宽 10 米。

安平桥

安平桥建成后的八百多年里，因为海潮、飓风和地震等原因，曾修复过 6 次。安平桥工程量十分巨大，在中国古代桥梁中首屈一指，据说建桥所用巨石多是从金门岛开采海运而来，把石板架设在桥墩上时则凭借了潮汐之力。安平桥是中国现存最长的古代石桥，被誉为"天下无桥长此桥"。

 33

古代建筑怎么防火？

中国古代建筑以木结构为主，因此防火就成了一个十分重要的环节。古代建筑的防火措施可以从个体建筑和组群布局两方面来考虑。

用耐火材料取代易燃材料，是个体建筑防火最常用的方法。从西周初期开始，人们用瓦代替茅草覆盖屋顶，其中便有防火的考虑。用砖石代替木构建造房屋也有助于防火，从汉代起人们就有意识地建造石室来防火。南北朝时期，砖石佛塔逐渐取代木塔。将烟囱建在离房屋较远的地方，或者高出屋顶很多，

封火墙

也有助于防火。另一种常用的方法是将房屋中易于起火的木、草等材料用泥包裹起来。最晚在明代，中国建筑中就出现了封火墙、护檐墙和隔火墙，以防止房屋的一部分起火时殃及其余，这在华南与西南最为常见。

组群布局方面，汉唐的宅第一般将厨房布置在建筑群一角，用火道和火巷与主要建筑相隔。供普通百姓居住的木构建筑群往往拥挤局促，一旦失火就很可能迅速蔓延，因此人们也注意用开辟火道、挖沟凿井等方法预防火灾。

元代以后杭州不再修建跨街牌坊，以防止街道一侧出现火灾时蔓延到另一

侧和崩塌伤人。明清北京故宫在防火方面做了很多设计。主要建筑独立成院，并有高强相隔；相连的廊屋每隔一段建砖石结构的防火间；各宫之间由火道和火巷分隔，既能防火又便于疏散；大量设置水沟、水池、水井和蓄水缸以备救火之用；宫城外还有护城河以防遭到火攻。

34

古代建筑怎么防潮？

防潮是建筑的基本要求，古人在这方面积累了很多经验。

在城市中建造合理的排水设施是防潮的首要选项。比如在城市中布置排水渠道、利用天然河流、开挖明沟或下砌涵道，使雨水和污水能够迅速排走。秦咸阳的宫殿建筑地面已经有系统的排水设施，雨水和污水先集中流入类似于现在的砂井的排水池中。排水池底部用草泥土涂抹防渗，池下有漏斗将积水导入圆形的陶制下水管，最终流入干渠排走。

对于单个建筑来说，抬高地面可以远离地下水位，保持地面干爽。西南山区一般建"干阑式"建筑，将建筑底层架空。北方中原一带则修建高台基。为了减少雨水对台基的侵蚀，还要在台基四周用砖、卵石及三合土做成斜面，外面再挖明沟或暗渠排水。建造院落时还要保证地面有一定坡度，以便下雨时雨水能自流进沟渠排走。

地面防潮需要处理两个问题，一是地下水通过毛细作用上升到地面，二是湿气遇到较冷的地面凝结。古代在地面铺砖的时候，为了加强防潮效果，会在砖的下部铺防潮垫层。明清北京故宫甚至在砖下留有空气层来防潮。

建筑墙体上部易受雨水侵蚀，下部则易受地下水毛细作用影响。我国木构建筑一般屋顶出檐深远，就是考虑到防潮问题。秦咸阳宫殿就已采用在土坯墙外刷石灰质材料的方法防潮。西北地区的秦汉长城，在城墙中夹有若干芦苇层，或平铺柳条层，用来防止地下碱水上升。

35

古代建筑怎么防白蚁？

中国古代建筑以木构为主，很容易遭受白蚁危害。古人在实践中摸索出了一些防白蚁的方法。

首先是减少白蚁接触木材的可能。在木柱下面垫上比较高的砖石柱础，把近地面的门槛、门框、栏杆等改用砖石材料，尽量使木材不与地面直接接触。许多古代建筑的台基较高，一定程度上有断绝蚁路的作用。选址时注意向阳和排水，及时清除建筑附近的树根等，都有助于防白蚁。

古人发现，有些木材对白蚁有天然的抵抗力。比如产于西南地区的铁力木，就是一种很好的防蚁木材，此外还有臭樟、红椿、酸枝、楠木、杉木等。这些木材多具有特殊的臭味，或木质坚硬难咬。

古人还总结了采伐树木的季节与防白蚁的关系，认为坚实的木材适合在秋天采伐，带有苦味的木材可以在夏季采伐，而阔叶多孔的木材则要在干燥的冬季采伐。历史上在西南地区有不伐死木的传统，因为死木有可能已经感染了白蚁，如果用其作建筑材料就可能感染其他木材。

对于大部分对白蚁不具有抵抗力的木材，常用的措施是在使用前对木材进行预处理。比如明代方以智的《物理小识》就提到，可以用有毒的青矾溶液蒸煮木材，使其渗入木质纤维，白蚁就不敢蛀了。在南方还采用白灰水或海水浸泡木材，使木材渗入一些碱分与盐分，减少白蚁侵蚀。在寺庙和民间建筑中常用的方法是在木材表面涂上桐油，或者在木材顶端凿一个小孔，倒入桐油，使其沿着纹路扩散到内部。

36

"样式雷"是个什么样的家族？

"样式雷"是对清代雷氏建筑世家的誉称。雷氏家族前后七代，主持皇家建筑设计 240 多年，长期掌管皇家建筑样式的专门设计机构"样式房"，因此得名。康熙以后历朝主要内廷工程的设计都出自样式雷。

康熙初年，样式雷的始祖雷发达与其兄雷发宣到北京参加宫廷建设。由于技术高超，很快被提升担任建筑设计工作，雷发达成为工部营造所的长班。雷发达的长子雷金玉继续担任长班，还掌管圆明园的楠木作，并执掌样式房。到第七代雷廷昌时已经到了清朝末年。雷家负责设计的重要工程包括北京故宫、三海、圆明园、颐和园、静宜园、承德避暑山庄、清东陵和西陵等。

样式雷家族在绘图和烫样制作方面的成就尤为突出。他们在设计时根据实地测量的总地盘图先绘出粗图，然后反复修改，直至绘出详图。详图的种类包括平面图、局部平面图、总平面图、透视图、平面透视结合图、局部放大图、装修花纹大样图等等。比例尺有百分之一（一分样）、二百分之一（二分样）和三百分之一（三分样）。装修用的大样图有的甚至和实物大小相等。

制作烫样的传统可以上溯至唐宋，当时叫"木样"。样式雷的烫样使用草板纸制作，其台基、瓦顶、柱枋、门窗以及床榻桌椅、屏风纱橱等均按比例制成。墙身分片安装，屋顶可以摘下来，方便观看房屋内部结构。这些烫样制成后要进呈内廷，以供审定。目前留存于世的部分烫样存于北京故宫。

样式雷烫样

37

应县木塔有什么特别之处?

应县木塔全称佛宫寺释迦塔,位于山西省朔州市应县城西北佛宫寺内。建于辽清宁二年(1056),金明昌四年(1193)增修完毕。塔高67.31米,底层直径30.27米。全塔为纯木结构,使用红松木料3000立方米,2600多吨,是中国现存最早最高的楼阁式木塔。

应县木塔平面呈八角形,塔身外观为五层六檐,全塔从下至上分为三部分。下层为砖石垒砌的基座,中间为塔身,最上为铁制塔刹。塔身从二层至五层每层下面都藏有一暗层,实际为九层。塔身的柱网采用内外两环柱的布局,每层为各具梁柱和斗拱的完整构架。内外两环柱头之间用枋木斗拱相连,柱间用厚墙填充。全塔使用的斗拱种类多达54种,充分展现了斗拱在楼阁结构体系中的重要性和应用上的灵活性。

应县木塔

我国南北朝和隋唐时期的木塔平面多采用方形,结构的稳定主要依靠塔中央贯穿上下的中心柱。应县木塔采用的八角形比方形更为稳固,从任何水平方向传来的外力都会沿着径向和弦向作对称传递,减小了塔身的扭曲变形。双层筒式结构相当于将中心柱扩大为内柱环,显著增强了塔的建筑刚度。此外,在塔的每层都有一些斜撑的固定复梁,可以防止水平方向的扭动和位移。

应县木塔建成至今已近千年,期间历经风雨、战火和地震的考验仍巍然屹立。据近年勘测,木塔的沉降率比较均匀,表明塔的基座未发生折沉或倾斜。可见其设计和施工水平之高。

1

菜地为什么会被偷走?

五代时期一部名为《玉堂闲话》的书中记载了这样一个案件: 广州番禺有个农民到衙门告状,说自己的菜地昨天半夜被人偷走,今天在某个地方找到了,想请县官做主将其取回。偷菜可以理解,菜地怎么也能偷走? 原来丢失的这块菜地是漂浮在水面上的人造耕地。

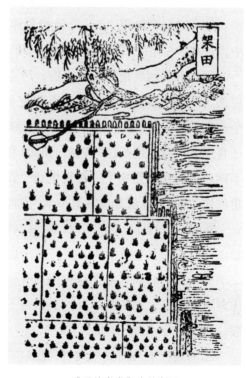

《王祯农书》中的架田

在古代的南方地区,人们为了与水争地,发明了这种在水面上种地的方法,称作"葑田"和"架田"。"葑"是菰(今天称为茭白)长在地下的根茎,有些菰因感染上黑粉菌而不抽穗,茎部不断膨大,逐渐形成纺锤形的肉质茎。在唐代以前,茭白被当作粮食作物栽培,它的种子叫菰米或雕胡,人们却并不食用其根部。这样一来,根部天长日久纠缠在一起,再加上泥沙淤积,会自然漂浮到水面上成为浮地。人们把浮地上面的叶子去掉，整治后便可种植作物，于是就成了葑田。

既然可以利用天然形成的葑田，人们受此启发，又制作木架，在其中填满菰根和泥沙，再让水草生长纠结其中，便成为人造的架田。架田至迟在南宋就已出现。由于架田与葑田漂浮在水面上，扩大了耕地面积，且不用担心干旱问题，因此便在人多地少的水乡传播开来。人们一般将其拴在河岸边防止漂走或偷盗，需要时也可以用小舟将其牵引至特定的地方。但架田与葑田如果发展过盛，也会影响到河湖的蓄水能力，甚至影响农田灌溉和居民生活用水。

"五谷"指的是什么？

如今我们经常用"五谷"泛指各种粮食。这个词最早出现在《论语·微子》中，记载一位老农讥讽孔子"四体不勤，五谷不分"。

对于五谷到底指哪五种作物，历史上的说法有好多种，其中最主要的两种说法为"麻黍稷麦菽"和"稻黍稷麦菽"，二者的区别在于一个有稻无麻，一个有麻无稻。其中的"麻"指的是大麻，在古代人们除了用它的纤维进行纺织，还食用其籽粒。造成这种现象的原因可能是我国不同地区所产的主要粮食作物不同。其他几种作物中，黍是生长于黄河流域的一种旱地作物，俗称黏米；稷也称作"粟"，也就是现在的小米；麦即小麦；菽即大豆。

据考古发现，我国在新石器时代驯化栽培的主要农作物就有二十余种。最初由于生产工具十分简陋，生产方法比较原始，人们种植的最重要的粮食作物是黍和粟，它们和其他作物相比具有耐旱、耐贫瘠、生长期短的优点。直到战国时期，人们发现冬麦可以解决青黄不接的问题，其食用方式又从粒食改为面食，麦的地位才提升了上来。

稻的地位上升则要等到唐代之后，随着中国经济重心南移，稻逐渐成为最主要的粮食作物，宋代有"苏湖熟，天下足"的说法，明代又称"湖广熟，天下足"。明代宋应星的《天工开物》认为，当时水稻已占粮食生产的十分之七，黍、粟、麦等作物加起来只占十分之三，而麻和菽已经不再被认为是粮食作物了。

古人怎样种植水稻？

水稻是世界三大粮食作物之一，中国是世界上最大的稻米生产国，早在一万多年前，我国的长江流域就开始了水稻种植。早期中国的经济重心在黄河流域，南方稻作技术还比较原始，称为"火耕水耨"，即先放火烧掉田地中的杂草，再种上稻，等到稻苗和杂草同时长出来时再放水淹没田地。水稻可以在淹水的条件下生长，杂草却无法生存。这种简单的技术充分利用了水稻的特性。

唐宋以后，中国经济重心南移到长江流域，水稻生产也转变为精耕细作。人们发明出以耕、耙、耖为主的水田整地技术，以育秧移栽为主的播种技术及以耘田、烤田为主的田间管理技术。

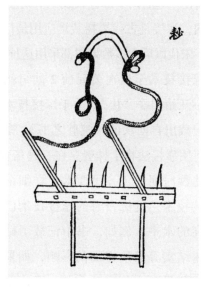

《王祯农书》中的耖

《王祯农书》中的秧马

水稻需要泡在水中生长，耕种时必须保证田地深浅一致。宋代出现的农具"耖"就是专门用于耕耙之后平整田地、弄碎泥块。为了适应移栽的需要，在宋代还出现了另一种农具"秧马"，供农夫骑在上面拔秧。而插秧技术至迟在元代就已定型。耘田即除草，烤田即排水晒田，这两项技术出现在北魏时期。为方面耘田，宋元时期出现了用竹管制作的手掌形状的"耘爪"，套在手指上使用，避免手指直接与田土接触。元代还出现了一种"耘荡"，是一种在木板下钉铁钉、上安竹柄的工具，耘田时像锄头一样使用，提高效率并减轻了劳动强度。为了在烤田时不至将肥水放走，宋代出现了在田中挖沟、把水控制在田中的烤田方法。中国古代发明的许多稻作技术一直沿用至今。

4

古人怎样运用嫁接技术？

嫁接是植物人工繁殖的常用方法之一，即把一种植物的枝或芽（接穗），嫁接到另一种植物的茎或根（砧木）上，使接在一起的两个部分长成一个完整的植株。

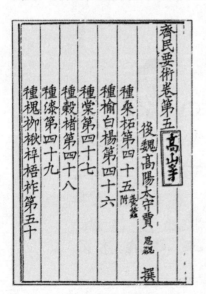

《齐民要术》书影

在我国，嫁接是古代果树栽培应用最广的繁殖方法，宋代以后大多数果树都采用这种方法。

嫁接技术至迟在公元前 2 世纪就已经出现，一开始叫作"椄"。关于嫁接技术最早的明确记载出自西汉的《氾胜之书》，书中记载了如何用靠接法将十株瓠接在一起培育瓜类。

北魏时期的《齐民要术》详细记载了梨的嫁接技术，可见当时的嫁接技术已经达到相当高的水平。例如，书中记载了砧木不同对梨树结实等品质方面的影响，如果用棠作砧木，梨果硕大而肉质细嫩；用杜作砧木次之，用桑作砧木则"大恶"。并说明了嫁接的好处：如果是未嫁接过的实生苗长大的梨树，不但结实较迟，而且不易保纯，容易变异。

南北朝时人们已经知道接穗要选用优良品种，用向阳面的枝条而不用背阴面，否则结实少。古人还发现，不是任何植物互接都能成活。唐末五代时的人们已经认识到，如果接穗与砧木亲缘关系较近嫁接就容易成活。关于嫁接的时机，明代的人总结认为，在春季树叶将萌发及秋季树叶将黄落的时候都适宜进行嫁接。

除以上这些，古人在不断的实践中，还对嫁接的方法、保证嫁接成活的措施、嫁接苗的管理等方面都有详细的研究和记录。

5

古人怎样用潮水进行灌溉？

在古代，沿海少雨的地区，人们会利用潮水进行灌溉，称为"潮灌""潮田"。早在战国时期两广地区就出现了潮田。据统计，在清代，北到渤海、南到两广的广大沿海地区都有潮田分布。

海水很咸，其盐度高达 35‰，而农作物的灌溉用水盐度不能超过 1‰，否则就会伤害禾苗，因此用潮水灌溉的关键是掌握潮水盐度的时空变化。人们发现，在涨潮时，海水会在江河入海处顶托河水，但两者并不会轻易融合。海水盐分高，密度大于河水，因此进入江河的海水会在底层沿河床向上推进，并且越往上水量越小，这样就形成了一个楔形层。而此时上层河水的盐分仍然较低，可以用于灌溉。

比较简单的潮灌方式是自流灌溉，但其灌溉的潮田分布高度有限，只能位于每月的大潮高潮线之下。另外潮灌的时间并不一定和农作物缺水的时间一致，因此逐渐被通过水利设施进行灌溉的方式所取代。到了明清时期，有的地方已经逐渐发展出包括渠系、潮闸和提水设施在内的复杂灌溉系统。

关于潮灌，清道光十五年（1835）还曾发生过一件趣事，当时风暴潮冲垮了长江口南岸和杭州湾北岸的海塘，导致海水进入农田，当地人民竟趁机进行潮灌，反而在大灾之年获得丰收。

06

什么是代田法？

代田法是中国古代的一种耕作方法。在古代的北方地区，农业生产的一项重要任务是抗旱。为此，人们首先想到将田地分为沟和垄，称为"畎亩法"。沟中的水分含量要比垄上高，将作物种植在沟里，有利于抗旱保墒。到了汉武帝时期，为了增加农业生产，朝廷任命赵过为搜粟都尉，又在畎亩法的基础上发明和推广了代田法。具体方法是：在宽六尺、面积为一亩的长条形农田中开出三条一尺宽一尺深的沟，垄的宽度与沟相同，沟垄相间。每年收获之后，便将原先的垄开为沟，沟变为垄，两者轮换，故名代田。

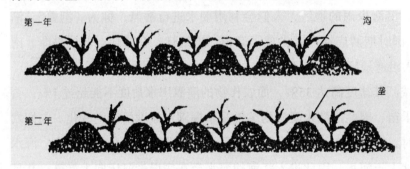

代田法

《王祯农书》中的耧车

代田法在耕种时，除了要将种子播种在沟中，当禾苗发芽之后，还要在中耕除草的时候，逐步将垄上的土同草一起锄入沟中，埋于作物根部，从而起到抗倒伏和抗旱的作用。到了夏天，垄上的土已经削平，沟垄相齐，这样也方便第二年将原来的垄开为沟。

赵过在推行代田法时，还推广使用一系列与之配套的农具，目前所知包括耦犁和耧车。前者大大提高了犁地的效率，而且有了犁壁，便于翻土成垄；后者则提高了条播的效率。代田法实行以后，显著增加了农作物产量，亩产与从前相比往往会增加一斛（即十斗）以上，相当于增加了四分之一的收成。代田法与便巧农具相配合，还提高了劳动生产率。

 7

曲辕犁的优点在哪里？

曲辕犁是唐代出现的一种耕犁，因其辕曲而得名，因为最早出现在江东地区，又称为江东犁。

中国古代耕犁的犁铧最早是用石头做的，到了商代出现青铜犁铧，春秋战国以后铁犁铧逐渐普及，至汉代又出现了犁壁，它是一种架在犁铧上端的装置，起到翻土和碎土作用。此时的耕犁结构已经很复杂，但犁辕都是直的，因此叫作直辕犁。它的缺点是耕地时回头转弯不够灵活。

此后，南方水田耕作逐渐发展，与北方旱地耕作相比，水田一般面积较小，耕作时回头转弯比较频繁。为解决直辕犁的缺陷，人们便发明了曲辕犁。根据唐代文献的记载，曲辕犁由 11 个部件组成，包括铁制的犁铧、犁壁与木制的犁底、压镵、策额、犁箭、犁辕、犁梢、犁评、犁建和犁盘。由于弯曲的犁辕缩短了长度，减轻了犁架的重量。增加了可以自由转动的犁盘，淘汰了犁衡，使得操作更为灵活，尤其便于转弯。此外还可以用犁评和犁箭来调节耕地的深浅，用犁梢控制宽窄，以适应深耕或浅耕的不同要求，便于精耕细作。

曲辕犁

曲辕犁结构完备，轻便省力，它的出现是一项重大技术革新。后来人们又继续对其加以改进，但整体结构没有明显变化。曲辕犁还逐渐传播到东南亚各国，并在17世纪传入欧洲。

○8

为什么在砂石堆里种庄稼？

砂田

在我国甘肃省中部，有一种奇怪的农田，田里面铺着一层大如鹅卵的石子，厚度达三四寸，几乎看不到泥土，这叫作"砂田"。这种石子地怎么也能耕种呢？

我们都知道，水是农业生产的最基本条件。甘肃中部干旱少雨，年降水量只有300毫米，蒸发量则高达1500毫米。在这样的条件下种庄稼，蓄水保墒是最先要考虑的问题。古人经过长期摸索，大约在明代中叶发明了砂田。

在田地上覆盖厚厚一层砂石，在降雨时雨水会顺着砂石的缝隙流到土壤中。砂石还可以截留雨水，减少地面径流。由于砂石的覆盖，阳光无法直射下面的泥土，砂石还切断了泥土中的毛细管通道，从而减少水分蒸发。砂石还可以减少雨水对泥土的冲刷以及大风对泥土的侵蚀，具有保土的效果。甘肃地区昼夜温差大，砂石覆盖田地也能保温。此外砂田还具有压碱、减少杂草的作用。

建造砂田步骤有二，首先是挖取砂石，然后是铺砂。铺砂一般在九月至次年三月间的农闲时节进行。要先对土地深耕、施肥、平整、镇实，然后才能铺砂。铺砂和播种时都要格外注意，防止下面的泥土和上面的砂石层相混。如果要对已经铺好的砂田施肥，就只能将砂石层去掉，待完成施肥后重新铺砂，非常麻烦，因此砂田只能隔几年施肥一次。

无论农民在耕种时多么小心，砂田里的砂石时间一长还是会与泥土相混，导致农作物减产。一般耕种四十年左右就要将原来的砂石层去掉铺新砂。

古人是怎么修筑圩田的?

在我国的南方地区，由于河湖密布，许多地势低洼的地方，如果开辟成农田，就容易在洪水季节被水淹没，这不利于农田的开发。因此，人们通过筑堤的方式将农田围起来防范水浸，这种被堤坝围起来的农田，就叫作"圩田"，也叫"围田"。

早在春秋末年，长江下游的吴国和越国就已经开始修建圩田。比如，在苏州城附近就有大片圩田分布。到了秦汉时期，圩田进一步推广。唐宋以后，圩田又有了大规模发展。此时的圩田不仅有外部挡水的堤坝，还在内部修建了沟渠和水闸等设施。不仅可以挡住洪水，还能在干旱季节开闸放水进行灌溉，旱涝保收。

圩田的面积一般都比较大，它的建造是一家一户无法承担的，必须由政府或地方精英来组织。在宋代，圩田一般方圆几十里，大的达到数百里。一些规模较小的圩田，则被称为"柜田"，意思是像柜子一样。

在宋代，长江下游圩田密布，一些地方

《王祯农书》中的围田

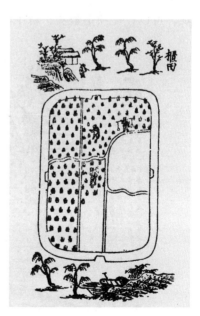

《王祯农书》中的柜田

的圩田面积已经达到水稻种植面积的 90%。当时的诗人杨万里有一首《圩田》诗，写道："周遭圩岸缭金城，一眼圩田翠不分。"到了明清时期，圩田又向长江中游发展，促进了那里的粮食增产。这种局面一直延续到了今天。

古人是怎样开发梯田的？

梯田是在山地丘陵常见的一种农田。通过筑坝和平整土地，修建出阶梯状的一块块田地。梯田不但可以种植作物，还能防止水土流失。如今，在我国南方的广大地区都有梯田分布。

在梯田上进行耕作，需要解决的最大问题是水源。由于梯田地势较高，最主要的水源就是雨水，一旦遇到长时间不下雨就容易出现旱情。古人为了利用有限的水源，就在梯田上地势较高且水源较集中的地方开挖深广的池塘来蓄水。在池塘的堤岸上种植桑、柘等树木，夏天时可以将耕牛拴在树上，耕牛踩踏堤坝，可以让堤坝更坚实，耕牛的粪便还能促进树木生长。

《王祯农书》中的梯田

《天工开物》中的高转筒车

除此之外，有的地方还利用筒车引水上山来解决梯田的缺水问题。如果山势比较高，一架筒车不够用，就用两架筒车接力引水，在两架筒车之间另挖一个池塘存水。

为了解决梯田的缺水问题，古人在种植农作物时还会选择一些生育期短的品种。这样一来，在农作物生长期内需要灌溉的次数也相应减少。宋代从越南传入的早熟耐旱的"占城稻"，就被广泛种植在梯田中，促进了粮食增产。

 11

桑基鱼塘是怎么产生的?

桑基鱼塘是一种为充分利用土地而创造的高效的人工生态系统，如今主要分布在珠三角地区。

在历史上桑基鱼塘是由"果基鱼塘"发展而来。果基鱼塘大概在元末明初出现在珠三角地区。因为这一地区水网交错，许多地方地势低洼，种植作物很容易遭受水淹。因此人们就把低洼的地方挖深为鱼塘，将挖出的土覆盖在四周的土地上筑成塘基，这样一来土层增厚，从根本上解除了水涝之害。在元末明初，人们主要在塘基上种植荔枝、柑桔、龙眼、香蕉等水果，既可以固堤，又增加了收入，因此叫作果基鱼塘。

明代中期以后，桑基鱼塘开始出现，但此时还是以果基鱼塘为主。相比于果基鱼塘，桑基鱼塘的一大好处是栽桑、养鱼、养蚕三者可以相互促进，桑叶可以用来养蚕，蚕粪用来养鱼，而鱼塘里挖出的塘泥又可以作为桑树的肥料，从而构建出理想的生态环境。

到了清代，随着清政府在乾隆年间实行海禁，广州成为我国唯一的对外贸易口岸，朝廷同时禁止浙江湖丝出口，外商对广东生丝的需求量大增，大大刺激了珠三角的蚕丝业，于是桑基鱼塘就蓬勃发展起来。

在长期的实践中，人们摸索出桑基与塘面的合理面积比为六比四。鱼塘一般深四五尺，因桑树喜温怕湿，水面近桑不利桑树生长，桑基面要离鱼塘水面三尺以上。每年冬季排水清塘，挖泥培桑或不排水捞泥培桑。通过这样的循环利用，可以取得"两利俱全，十倍禾稼"的经济效益。

古代怎样进行复种?

复种制是指在同一块田里一年内种植作物两次以上，如一年两熟、一年三熟、两年三熟等等，它可以在耕地面积不变的前提下提高单位面积的产量。

在我国，复种制最迟在战国时期就开始出现，如《荀子·富国》中就记载"一岁而再获之"。与此相比，欧洲直到18世纪仍然采用休耕的方式来恢复地力。

秦汉时期，北方地区已经实行谷、麦、豆之间轮作复种的两年三熟制。魏晋时期南方地区的轮作复种也得到了发展，已经有了水稻复种或水稻与苕草复种的一年二熟制，这也是稻田绿肥轮作的开始。北魏贾思勰的《齐民要术》强调大多数作物不宜连作，而需要实行合理轮作，这是消灭杂草、减轻病虫害和提高产量的有效方法；豆类作物和谷类作物尤其适合轮作；不仅粮田，菜田也可进行轮作。

南宋嘉定年间朝廷颁布的条令规定，对复种的麦、斗、粟、麻等作物不征收田赋，地主也不得对佃户索要地租，这促进了复种制在南方的发展。稻麦轮作技术最迟在元代已经非常完备。

明代南方一年二熟制已经非常普遍，部分地区则实行一年三熟制。清代山东、河北、陕西一代流行粮食作物配以油料和秋季杂粮的两年三熟或三年四熟制，长江流域则推行双季稻和稻麦二熟制。据记载，清代陕西关中地区曾出现一种非常精妙的"二年十三收"法，种植作物包括大蒜、菠菜、白萝卜、蒜苔、小蓝、谷子、小麦。

13

古代怎样进行温室栽培？

温室栽培指的是用保暖、加温、透光等设备和相应的技术措施，保护喜温植物御寒、御冬，以及促使生长和提前开花结果的栽培方法。一般认为，中国是最早利用温室进行栽培的国家。

据记载，秦始皇曾命人于冬季在骊山利用温泉的热能来种瓜，这可能是关于温室栽培的最早记载。西汉元帝曾在"太官园"中盖起密封的屋子，冬天在屋内昼夜生火，种植"葱韭菜茹"。可是，负责管理皇室生活物资的官员认为，用这种方法培育的蔬菜是"不时之物"，会伤害身体，建议停止栽培。当时利用温室栽培蔬菜的技术已经在民间传播，有的富户也可以享用"冬葵温韭"。到了东汉永初年间，宫中温室种植的品种已达 23 种之多。

唐代的温室栽培技术已经很成熟。唐太宗有一次出巡，走到易州时，地方官强令百姓用燃火温室种菜供太宗食用，皇帝反而因枉费民力将其革职。温室除了种菜，还用来种植水果和花卉，用温室种植花卉使其提前开花的技术称作"堂花术"。一些诗人留有赞美温室花卉的诗句，如白居易在《庐山桂》中写道："不及红花树，长栽温室前。"

当然，用燃火温室培育作物成本很高，在相当长的时间里一直是皇室和达官贵人享用的奢侈品。温泉温室依赖地热。此外还有一种厩肥温室，利用家畜粪便发酵产生的热能来提高室内温度，这种温室最晚在五代时期就已出现，因为成本较低，在元代民间就有人在冬季用其栽种韭黄，成为一种致富的手段。

14

什么是"粪药说"？

种地要施肥，古代的中国人认为，种地的过程就像对人进行治疗，施肥就相当于用药，要根据实际情况选择不同的施肥方式，这就是"粪药说"。最早记录这种说法的是宋代的《陈旉农书》。

施肥时首先要根据土壤性质的不同选择肥料。明代的《天工开物》就记载，在山区的洼地，由于水土温度较低，土壤呈酸性，比较适合用含磷较高的骨灰来施肥。

除了土壤，施肥时还要考虑气候和作物的不同。有人将其总结为"三宜"：时宜、土宜和物宜。比如，对于麦和粟等作物，就适合用黑豆粪和苗粪来施肥，而菜蔬则适合用人粪和油渣。

为了满足不同气候、土壤和作物的需求，古人想方设法制造出各种肥料。根据汉代的《氾胜之书》记载，那时的肥料有蚕矢、骨汁和粪便；魏晋时期豆科作物被用作绿肥；南北朝时期人们又采用了旧墙土、草木灰、厩肥等等。元代的《王祯农书》将肥料分为苗粪、草粪、火粪和泥粪四大类。苗粪和草粪就是人工种植和野生的绿肥，火粪是人工烧土，泥粪则是河泥。到了清代，杨双山更是将肥料细分成十大类。

中药有生熟之分，生药含有毒性，需要炮制加工才能使用，古人认为肥料也是如此。比如大粪，如果未经腐熟，不仅会损害庄稼，还会让人手脚生疮。

施用肥料的时间和剂量，也像中药一样有讲究。比如，有的肥料要在播种之前施用，叫作基肥，有的要在出苗之后施用，叫作追肥。基肥比追肥容易掌握，因此古人提倡多用基肥，追肥则要根据经验掌握好时机。

15

古代有哪些水果保鲜的方法？

水果成熟之后如果不尽快食用就会腐烂，想要长时间保存就需要仰仗保鲜技术。

最早的水果保鲜方法可能是窖藏，据南北朝的《齐民要术》记载，当时已经用窖藏法保存梨子和葡萄，可以将秋天成熟的梨子存放至第二年夏天，夏天成熟的葡萄存放至冬天。不同的水果窖藏方式也不同，梨子不怕挤压，可以采用堆叠法放置；葡萄皮薄汁多，就需要悬挂储藏。

清代出现了大窖套小窖的双层窖，其温度和湿度变化更小。人们还将冬天收集的冰块放入地窖进行冷藏，其温、湿度愈发稳定，比一般窖藏效果要好，但如果控制不好温度则可能将水果冻坏。另一种低温保鲜方法是冻藏，即在冬季将水果放在屋外储藏。

水果在长途运输过程中也需要保鲜。唐玄宗时从四川用快马将不耐存放的荔枝运至长安供杨贵妃食用，但这不属于保鲜范畴。此前隋代的隋文帝喜欢吃一种产于四川的黄柑，人们在黄柑表面涂一层蜡，再将其进献至长安。其原理在于果实表面的蜡将其与空气隔绝，减少水分蒸发，并降低果品的呼吸作用，延缓果实的后熟期。这种涂蜡法在宋代被用来保存樱桃，明代则用来保鲜葡萄。

此外古代还曾用活毛竹、碗、缸等物品进行密封保鲜，比如将樱桃放入活毛竹中密封，将石榴放入瓦罐中密封等等。由于果品在容器内仍有低微的呼吸作用，消耗容器内的氧气，增加二氧化碳，此法在保持果品鲜度和风味方面效果较好。

16

古人怎样治蝗？

在古代，蝗灾对农业生产的破坏相当严重，可以与水灾、旱灾相提并论。宋代颁布了我国也是世界上最早的治蝗法规《熙宁诏》和《淳熙敕》，还有最早的治蝗手册《捕蝗法》。人们在不断实践中积累了许多关于蝗虫习性的知识和有效的治蝗办法。

蝗虫喜群聚，产卵也往往同时同地，一般会将卵产在坚硬向阳的土中，深不到一寸，外面留有小孔。于是掘卵就成为了治蝗的办法之一，它比捕蝗省时省力，人们一般利用冬天农闲时铲除蝗卵，还发明了用熬制好的毒水杀卵的方法，先用铁丝戳破虫卵，再倒入毒水。

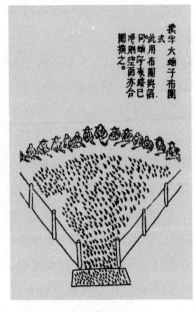

捕蝗

当蝗卵孵化为蝻后会到处跳跃，此时可以采用开沟陷杀法。预先开发长沟，沟中每隔一丈挖一个大坑，众人沿沟边站立，手持扑打工具，蝗蝻到时敲锣惊吓使其跳入沟中，随后扑打掩埋。还可以在沟边用门板连接呈八字形，使蝗蝻只能跳入沟中。

当蝗蝻化为飞蝗之后，就需要用扫帚、抄袋等工具捕打。由于蝗虫趋光，还可以用篝火诱杀，在火边掘坑加以掩埋。这种方法在没有月亮的黑夜里效果最好。

此外，在农业生产过程中，还可以种植蝗虫不喜欢吃的植物。或者改旱田为水田，结合秋耕，将蝗卵翻到地表冻死。由于家鸭喜食蝗虫，也可以通过养鸭来治蝗。例如，在田地中的蝗蝻刚出土，不能跳得很远之时，雇请养鸭子的人将鸭群赶到田里啄食，一只大鸭一天能吃掉两斤蝗蝻，治蝗效果很好。

 17

怎样用蚂蚁防治害虫？

农业生产中的生物防治，是利用一种生物对付另外一种生物的方法。早在西周时期，中国人就注意到了生物界的相互制约现象。生物防治技术的出现就来源于对这一现象的观察和认识。在中国古代，比较典型的生物防治技术是用黄猄蚁来防治柑橘的害虫。

黄猄蚁是树栖蚁种，又名黄柑蚁、红树蚁，广泛分布于我国南方。它生性凶猛，利用植物的叶片在树上筑巢。工蚁日夜守护在巢外，一旦受惊，大量工蚁会涌出巢外喷射蚁酸御敌。黄猄蚁食性杂，擅长捕食各种昆虫。古人发现了黄猄蚁的这种生活习性，便将其引入柑橘园中治虫。

据《南方草木状》记载，在晋代的华南地区人们就开始利用它来以虫治虫。书中说，如果柑橘园里没有黄猄蚁，作物就会被各种害虫所伤，"无复一完者"。这可能是世界上以虫治虫的最早先例。当时专门有人将蚁巢取下来拿到市场上出售。

黄猄蚁

由于这种方法效果显著，此后历代沿用。事实上，黄猄蚁不仅能防治害虫，还能提高柑橘的品质，使果实皮薄而滑，味道明显好于普通柑橘。

宋代贩卖黄猄蚁的人用猪或羊的膀胱，张开口放置在蚁穴旁，等到黄猄蚁大量爬进膀胱后就收口取走。为了方便黄猄蚁的活动，在清代的柑橘园中，人们用竹或藤把橘树连接起来，树树相通，这样黄猄蚁就很容易从这棵树爬到那棵树上。在清代，人们还把黄猄蚁的应用范围扩大到柠檬等其他树种上。

18

古人除了相马还能相什么？

伯乐相马的故事尽人皆知，其实古人不仅会相马，也能相其他动物。这种通过对畜禽的外部形态、体质状况、部位比例的观测来鉴别、选择优良畜禽的技术叫作"相畜术"，如今称为"家畜外形鉴定学"。

早在商周时期，中国就有了相畜术的萌芽。殷商卜辞中就有一些内容是卜问采用何种毛色的牲畜。到了春秋战国时期，人们不仅关心毛色，还重视齿形和体形的选择。《周礼·夏官》中设有一个叫作"马质"的官职，就是专门评议马的优劣和价格高低的。当时的相马的专家除伯乐外还有九方堙，相牛专家有宁戚。甚至还有善于相各个部位的专家，如相口齿的寒风、相股脚的陈悲等等。到了秦汉时期，相马、牛、猪的技术又有发展。东汉相马家马援吸收前辈四代名师的经验，结合自身实践制作了一匹铜马作为良马的标准外形。

南北朝时期的《齐民要术》中也有对相畜术的记载，认为外形是内部器官的外部表现。比如，根据书中的观点，马的鼻子大是肺大的表现，而肺大意味着善于奔跑。根据马匹牙齿的磨损情况，还能鉴定 32 岁以内的马的年龄。至唐代，人们已开始重视马的系谱，表现出对系谱和遗传育种的初步认识。明清时期，相畜术全面发展，出现了大批相关书籍。所载相法简明扼要、一目了然，内容涵盖马、牛、猪、驴、骡等畜类以及鸡、鹅等禽类的相法。

相畜术是古代动物良种选育的主要方法，虽不一定完全正确，但作为长期经验的总结，应当包含相当的合理成分。

 19

古人怎样利用动物杂种优势？

杂种优势是指具有不同遗传型或遗传性的个体杂交后，所产生的后代表现在某些性状上优于两个亲本的现象。目前公认对杂种优势的最早利用是家畜远缘杂交的成功，即马驴杂交产生的后代骡子。骡子具有耐粗饲、耐劳役、抗病力强、力气大而持久等优势。马驴杂交技术最早是中国北方少数民族发明的，时间不晚于东周时期。

秦汉时期的许多文献都记载了当时骡子被广泛使用于耕作、运输、乘骑、贸易、交换贡品、征战、娱乐等方面的情况。东汉许慎的《说文解字》中明确解释骡子可分为两种，即今天所说的驴骡（公驴与母马交配所生）与马骡（公马与母驴交配所生）。北魏贾思勰的《齐民要术》记载了培育骡子的注意事项，认为公驴与母马交配生驴骡比较困难，因此通常用公马与母驴交配生出高大的马骡，但要注意母本要选择形体骨目正大的七八岁草驴，父本也要选择高头大马。

除了马驴杂交，利用动物种内杂交培育优良品种的应用更广，比如改良马种，以及培育猪、牛等家畜和鸡、鸭等家禽。青藏高原上的藏族先民也利用牦牛和黄牛杂交培育出犏牛，它具有性格驯顺、产乳量高、肉美毛长、耐役能力和气候适应性强的特点。此外杂种优势还被利用在养蚕业中，用一化性的"早种"雄蛾与二化性的"晚种"雌蛾杂交，产生出体质强健、抗逆抗病力强、茧层率高的一代杂交种，明代的宋应星在《天工开物》中称其为"幻出嘉种"。

20

古人怎样养蜂？

蜂蜜含有丰富的营养成分。除了蜂蜜，饲养蜜蜂还能获得蜂蜡、蜂胶等多种有用的物质。蜜蜂授粉还能使农作物增产。中国古代的医书中不乏对蜂蜜保健作用的描述，如《神农本草经》将蜂蜜列为食用"上品"，可以止痛解毒，益寿延年。

中华蜜蜂是中国独有的品种，中国人养蜂的历史非常悠久。东汉延熹年间有一位叫姜岐的养蜂专家隐居山林，除了自己养蜂还教授他人。西晋张华的《博物志》记载，有养蜂者将林中附有蜂群的空心木带回，安放在屋檐下或庭中，以木器饲养。这是蜜蜂由野生状态进入了半野生状态。人们对蜜蜂生活习性的观察也更为细致，如蜜蜂喜暖，巢门四季均应向阳。此时蜂蜜与蜂蜡已被分开提取，蜂蜡用来制作蜜印、蜜章、蜜玺等。

南朝时蜜蜂又由半野生状态向家养过渡。人们在七八月时在蜂群经常飞过的地方安放涂有蜂蜜的木桶，蜜蜂闻到蜜香就会停下来，经过几回之后便会将整个蜂群引来。唐代养蜂业由山地向丘陵和平原扩展，出现了以蜂蜡为原料的蜡烛、蜡丸，蜂蜡还被用于蜡染。宋代王禹偁的《小畜集·记蜂》强调要一群不留二王，控制自然分蜂。

元代出现了土窝、砖砌、荆编、独木等种类的蜂箱。元末的刘基在《郁离子》中总结了选址建场、蜂群排列、箱具要求、四季管理、蜂群增殖、敌害防治及取蜜原则等一整套经验。明代的徐光启在《农政全书》中提出，如果当年雨水多，花木茂盛，蜂蜜产量就会高，反之则低。清代出现了我国第一本养蜂专著《蜂衙小记》，系统总结了历史上的养蜂技术。

21

古人怎样养鱼？

养鱼是农业的重要组成部分。人类最初食用的鱼类全靠捕捞，捕得多了暂时食用不了，就先放到池塘中饲养起来，在这个过程中逐渐产生了养鱼业。

春秋战国时期大规模养鱼已经比较普遍。据《吴越春秋》记载，越王勾践被吴国打败后居住在会稽，大臣范蠡见山上有几处池塘，建议在池塘内养鱼，上等池塘留给君王，下等池塘由臣民经营，三年就可获利千万，这样国家便富足了。

利用稻田内的水体养鱼至迟出现在三国时期。在唐代的广东地区，人们并不急于在新开垦的山田里种稻，而是先蓄水养草鱼，利用草鱼吃田中草，一二年后草鱼长大，田也变为熟田，此时再种稻，可谓一举两得。

鲈鱼

最初生长较快的鲤鱼是主要的养殖品种。唐代由于皇帝姓李，李、鲤同音，为了避讳，一度规定百姓不得捕食贩卖鲤鱼，偶然抓到也要立即放生。在这种条件下，青、草、鲢、鳙四大家鱼逐渐发展起来。古人一开始养鱼都是养成鱼，后来逐渐改为采集鱼卵孵化鱼苗，至宋代又变为直接在江河中捞鱼苗养殖。

由于不同的鱼类生活习性不同，在养鱼实践中，人们逐渐认识到，在同一池塘内混养不同的鱼可以充分利用水体，甚至相互促进生长。明代王士性的《广志绎》记载了吴越地区混养草鱼和鲢鱼，两者相逐而易肥。这说明当时人们已经对家鱼的生活习性有了一定认识，甚至进一步摸索出了家鱼混养的适宜比例。明末清初的屈大均在《广东新语》中就记载珠三角一亩池塘内养草鱼 30 条、鲢鱼 120 条、鳙鱼 50 条、鲮鱼 1000 条。

22

金鱼是怎么培育出来的？

中国是最早培育金鱼的国家。如今色彩千变万化的金鱼的共同祖先是一种金黄色、身长尾小的野生鲫鱼，即野金鱼。

早在西周时期，中国人就出于观赏的目的将鱼类养在池塘中。盆养观赏鱼则出现于唐代，主要养于王室朝贵的宫宅之中。色彩鲜艳的野生金鲫鱼至迟在晋代已被发现。隋唐时期，人们专门从天然水体中捕取金鲫鱼来饲养。不过，正式将金鲫鱼养作观赏鱼则是在宋代。

北宋时，人们将野生的红黄色鲫鱼放养在"放生池"中，加以保护，供以一定的食物，这实际就是半家化的开始。南宋产生了以养金鱼为生的人，他们为了迎合人们对新奇异种的喜好而十分注意新种的培养，至此金鱼由半家化转入池养家化期。

家化对金鱼的培育具有十分重要的意义。家养池中单独养殖的金鱼，不但能得到充足且更为适宜的饲料，也便于饲养者观察异样金鱼的出现与繁殖，从而保存新产生的变异。到了元代，金鱼饲养已相当普遍。至明代末年，盆养普遍取代了池养。盆养方便分盆育种，这样金鱼的特异优良品质就比较容易保存下来，从而由无意识的人工选择发展为有意识的人工选择，金鱼品种大为增多。

也是在明代，中国金鱼开始外传，1502 年传入日本，1611 年传入葡萄牙，至 18 世纪已遍及欧洲。金鱼还对英国生物学家达尔文创立生物进化论起到过促进作用，在《物种起源》等著作中，达尔文充分肯定了中国人对人工选择和变异理论所做的贡献。

23

古代有哪些海洋捕捞技术？

中国有绵长的海岸线，早在新石器时期，中国人就开始在浅海中捕捞各种海产品，所谓"靠海吃海"。至春秋战国时期，海洋渔业已经成为沿海各国的一项利润丰厚的经济活动，与海盐生产一并被称作"渔盐之利"。

古代的中国人发明了许多巧妙的捕捞技术。首先是用鱼饵诱捕，鹿胎、燕子肉与内脏、猢狲毛、煮熟的稗子等都被用来当作鱼饵。

人们发现一些海洋生物具有趋光性，因此便采用光学诱捕法。比如台湾渔民诱捕飞藉鱼（燕鳐），夜间在小船上悬灯，大批飞藉鱼会跃出水面落入船中，甚至会因为捕获太多，小船无法承载只好灭灯。也有人用猪膀胱装萤火虫来诱捕鱼类。

一些鱼类在行进中会发出声音，因此就可以利用声音来指导下网。比如黄花鱼鱼汛时绵延数里，声音如雷，渔民用竹筒伸入水中探听，再下网捕捞。一些鱼类害怕某种声音，渔民就利用此类声响来驱赶鱼群。

此外还有人利用潮水的涨落来捕鱼，方法是在海滩上安置竹栅，叫作"沪"。郑和下西洋时将这种工具传到海外，至今印度等地仍有人使用。

鲸是海洋中最大的动物，古代中国人就掌握了捕鲸技术。在宋代有人用大钩捕鲸，用鸡鸭作诱饵，等到鲸吞下诱饵被钩住后便任凭鲸拖拽渔船，直到鲸筋疲力尽后捕获。明清时期的捕鲸方法已经与现代类似，用带有绳索的鱼枪射鲸，再拖拽至岸边，等潮落之后将鲸肉切下来。

24

古人怎样养殖珍珠？

珍珠是一种有机宝石，是寄生物或砂粒侵入珍珠蚌体内之后，由内分泌作用而生成的含碳酸钙的矿物珠粒。中国人在远古时代就开始利用珍珠，战国时期的《尚书·禹贡》中就有河蚌能产珠的记载，在《诗经》《山海经》《尔雅》《周易》中也都出现了有关珍珠的内容。但在唐宋之前人们所用的都是从自然界中采集的天然珍珠。

《天工开物》中的采珍珠场面

到了宋代产生了人工育珠技术。据北宋庞元英的《文昌杂录》记载，"养珠法"即将珍珠蚌养在清水中，等到其开口时将假珠投进去，此后养殖两年便成真珠。这表明当时的人已经认识到向蚌内投入异物可形成珍珠这一原理。

但这种技术在当时并未在生产中应用。此后直到明代，包括《王祯农书》《农桑辑要》《农政全书》及《天工开物》等农书和科技著作都未再提到人工育珠。人工育珠技术在清代再次出现，清初的刘献廷在《广阳杂记》中描述的方法与宋代的养珠法并无太大差异，且开蚌壳的技术仍未解决，只能等蚌自然开口后将异物投入。

浙江湖州是著名水乡，水产养殖业十分发达，到了同治年间，湖州的人工育珠技术已经有了较大进步，不但掌握了开蚌壳的技术，还使用名贵药材饲养珍珠蚌，只需百日即可收获珍珠。当时人工养殖的珍珠已经高度商品化，市面上出售的珍珠有一大半出自人工养殖。更令人称奇的是，有人向蚌内投入佛像形状的异物，培育出"佛像珠"售卖。

25

爆米花是什么时候出现的？

爆米花是广受欢迎的一种膨化食品。其制作原理是谷物放入爆米花罐后，在高温高压的作用下逐渐变软，其内部水分气化。但此时谷物内外的压强是平衡的，所以不会在罐内爆开。当罐内压强升到一定程度时突然将其打开，则罐内的气体迅速膨胀，压强很快减小，使得谷物内外压强差变大，其内部的高压水蒸气也急剧膨胀，瞬时爆开谷物，原来紧实的谷物就变成了膨大多孔的海绵状物体。

中国古代制作油炸食品的历史非常悠久。青铜炊具产生之后，在周代"八珍"中的"炮豚"就出现了炸法。到了唐宋时期炸制技术已十分成熟。爆米花出现在宋代。和现代的制作方法不同，当时用的是锅炒的方法。主要流行于江南的苏州一带，一开始叫作"孛娄"，这是当地方言形容打雷的声音，用来模拟爆米花爆炸时的响声。

起初人们制作爆米花不仅是为了食用，在新春来临时，还要通过亲手制作一粒爆米花来卜问来年的情况。这种风俗延续至明清。明代的李诩在《爆孛娄》诗中记录了新春时制作爆米花的过程："东入吴门十万家，家家爆谷卜年华。就锅排下黄金粟，转手翻成白玉花。红粉美人占喜事，白头老叟问生涯。晓来妆饰诸儿子，数片梅花插鬓斜。"

此后用爆米花占卜来年情况的习俗逐渐被人们遗忘，这种食品加工方法却保存了下来。人们熟悉的爆米花转炉则出现较晚，应该是 20 世纪之后的产物。

26

松花蛋是怎么发明的？

松花蛋，又称皮蛋、变蛋、灰包蛋、包蛋等，是一种中国传统风味蛋制品。主要原材料是鸭蛋或鸡蛋。松花蛋的蛋白呈半透明的褐色凝固体，表面常有松花状花纹。松花蛋制作的关键是在原料中加入石灰等强碱性物质，强碱进入蛋白质后会使蛋白质变性、凝固，部分蛋白质水解为氨基酸。

松花蛋起源于何时何地目前尚不清楚。元代鲁明善的《农桑衣食撮要》可能是关于松花蛋的最早记载，书中称当时太湖一带用桑木灰、石灰、茶叶和盐包裹新鲜的蛋类，就可以长期保存了。到了明末，我国南北方都掌握了制作松花蛋的技术。戴羲的《养余月令》对加工松花蛋的原料、分量、方法作了详细描述。每百枚蛋要用盐十两，真栗柴灰五升，石灰一升。方以智的《物理小识》则记载池州所产松花蛋用不同的灰制作，用荞麦壳灰制成的松花蛋黄白杂糅，如果用炉灰和石灰则绿而坚韧。这说明当时的人们已经认识到，用不同的配方可以制作出不同色泽的松花蛋。

中国传统的松花蛋制作技术主要有三种。最早的方法是浸渍法，即将含有碳酸钾、氢氧化钙的物质溶于水后形成氢氧化钾，将蛋浸入后使蛋白质变性、凝固。第二种是包泥法，在生黄泥中放入食盐、石灰、口碱等，用水调和后包在蛋壳外面，外面撒上稻壳防止粘连。第三种是薄涂法，将蛋洗净浸泡在冷粥中，用草木灰、消石灰、食盐拌成均匀的粉末，将蛋取出后在粉末中滚一下，再放入坛中保存。

27

中国古代怎样进行植物分类？

现代植物分类学是一门研究和描述植物的种类、探索植物的亲缘关系和阐明植物界自然系统的科学。在中国古代，人们为了生产和生活的需要，也会对不同种类的植物加以辨别和分类。战国时期的《尔雅》第一次明确将植物分为草、木两大类。我国古代的植物分类概括起来有三个体系，大致分别出现在本草书、农书和植物志中。

历代本草书中收录有大量药用植物。这些植物按其对人体的作用分为可食、不可食、有毒、无毒等类别。如《神农本草经》把植物分为上、中、下三品。上品"养命"，可久服、多服；中品"养性"，服用要斟酌得宜；下品"治病"，不可久服。后代本草书沿用了"三品"的概念，并联系植物的形态和应用部分进行分类。明代李时珍的《本草纲目》改以形态、生态环境、性味用途等来分类。如性味有芳草、毒草、荤草、柔滑等，还明确地把植物分类系统规定为部、类、种三级，且种之

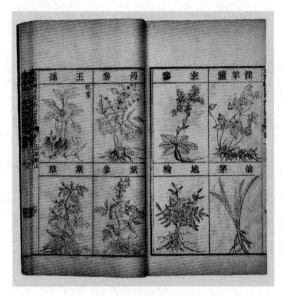

李时珍《本草纲目》内页

中仍有再分类的思想，这已渐渐接近自然分类体系。

古代农书主要从农用的观点进行分类，如明代的《农政全书》就分为谷部、茧部、蔬部、果部、桑棉麻、木部和杂部。植物志则通常按植物体本身特点进行分类，随着时间的推移分类越来越细。如西晋的《南方草木状》将植物分为草、木、果、竹四大类，而清代后期的《植物名实图考》则著录植物一千七百余种，分为谷、蔬、山草、隰草、石草、水草、蔓草、芳草、毒草、群芳、果、木等十二类。

28

古人怎么认识植物的他感作用？

他感作用指植物通过向体外分泌代谢过程中的化学物质，对其他植物产生直接或间接的影响。对他感作用的研究依赖于近代生物技术与手段的提高，在古代缺乏细微的观察与实验条件，但古人也在广泛的实践中对此有所认识。

他感作用可分为三种：种内自毒作用、种间相克作用与促生作用，它们在中国古书中均有记载。种内自毒作用即植物排出体外的代谢物对其自身也有害。清代丁宜曾的《农圃便览》就描述道，三月清明种麻时忌重茬，因为会导致烂茬。

古代对于种间相克作用的记载很多，例如古人很早就发现桂可以克制其他植物。北宋的陆佃在《埤雅》中描述了一种除草的方法：把桂屑撒在砖缝中，砖缝里的草就死了，这是利用桂排出体外的代谢物质克制草的生长。这方面古人观察最多的是芝麻，北魏贾思勰的《齐民要术》就写道，千万不要在大豆地中杂种芝麻。古人还认识到可以用芝麻的这种作用来开荒，方法是烧去野草之后，先种芝麻一年，这样会使草木根腐烂，然后再种植谷物。在农作物换茬方面要特别注意种间相克作用，否则就会导致歉收。根据清代的郭云升记载，在高粱内种落花生，或是落花生茬种高粱，高粱皆不茂盛。

促生作用与种间相克作用相反，是指植物排出体外的物质或自身腐烂所释放的代谢产物能促进其他植物生长。古人利用这种现象进行套种。例如元代的《农桑辑要》中记载桑间可种田禾，所谓"桑发黍，黍发桑"。

中医诊断为什么要望闻问切?

望闻问切是中医的诊断方法，也叫作"四诊法"。在古代由于技术条件的限制，医生需要通过五官来获知病人的身体状况，望闻问切是其中最重要的四种手段。

中国最古老的医学经典《黄帝内经》中已经对四诊法有了详细介绍。望诊是用肉眼观察病人的神色、外形、舌象以及各种排泄物；闻诊包括闻声音和闻气味两方面，内容包括病人的咳嗽、呼吸、口气、体气等；问诊是医生通过交流了解病人的症状、疾病发生及演变过程、治疗经历等情况；切诊包括脉诊与按诊，通过触摸和按压病人的某些部位来获知其身体状况。

目前关于四诊法出现的最早证据是长沙马王堆出土的帛书，这表明最晚在公元前3世纪晚期四诊法就已产生。这四种方法是相互联系的，中医历来强调"四诊合参"，在实际诊断中加以综合运用。其中望诊和切诊最受重视。

望诊在古代被视为最高超的诊断方法，在著名的"扁鹊见蔡桓公"的故事中，扁鹊所使用的便是望诊。《黄帝内经》中的望诊集中在神色和外形上，从元代开始，望诊的重心转向察舌，清代的温病学家将其分为舌苔、舌质两大部分。切诊在临床中使用最多的是脉诊，逐渐发展为一门非常精细的技术，通过手指可以感知到二十余种脉象。四诊中闻诊的发展相对缓慢，也没有出现专门的书籍。问诊虽然不像望诊和切诊那样玄妙，却是四诊中最为实用的。

30

孙思邈为什么被称为"药王"？

《备急千金要方》书影

孙思邈是唐代著名医药学家。他从小聪慧但多病，家中为了给他筹措汤药之资几乎耗尽家产，因此他很早就开始钻研医学典籍，并在乡邻亲友间行医，自己多病之体也经调治而愈。孙思邈一生著作很多，其中最为著名的是《备急千金要方》30卷，内容包括临证各科、诊断、针灸、食治、预防、卫生等各方面知识。这本书继承了唐初以前各医家的学说，并加以发扬光大，是对当时医学发展的一次全面总结整理，被称为我国最早的一部临床实用百科全书。此外还有《千金翼方》30卷作为补充。

孙思邈结合自己的医疗经验，分析了800余种药物的性质。他强调临床用药须重视地理、气候及人体的体质条件，并强调药针并重、辨证用药和反对滥用贵重药品。他注重自然药物的自采自种和医生亲自加工，介绍了200多种要求注意采集时节的药物，以及必须阴干、曝干、火干等炮炙加工收藏的药物。他提出必须使用道地药材的建议，还提倡变野生药物为家种，对20多种常用药物的栽培、采收、加工、收藏等方法做了详细介绍。

除药学之外，孙思邈还特别重视妇婴疾病的防治和护理，并要求医生注意医德。他注重养生之道，在临床方面，他正确阐明了许多营养缺乏病的防治问题。在诊疗技术上孙思邈亦有许多创新和发明。

由于孙思邈在药学方面的贡献，后人便尊他为"药王"。

古代政府怎么培养医生？

中国古代医学教育最主要的形式是师徒授受，汉以前的名医大多是以这种方式培养出来的。在一师多徒的情况下则常采用讲学的形式。为了大量培养医学人才，逐渐产生了由官府兴办的医学校。

晋代出现了"令助教部"教习医家子弟的集体医学教育形式，但这还不是正式的医学校。南朝时的刘宋于公元 443 年置医学校，一般被认为是我国最早的医学校。隋代设置了太医署，设有太医令、丞、主药、医师、医生、医博士、助教、按摩博士、咒禁博士等。此外还设立了药园，置药园师。

唐代的医学校已经发展到较为完善的程度，太医署既是医学教育机构，也是医疗单位，由行政、教学、医疗、药工四部分人组成。规模甚大，制度完备，对后世医学校有很大的影响。当时规定学生必须先学基础课程，然后再分科学习。月、季、年都有考试，学习 9 年仍不及格者即令退学。不仅如此，各州府也开始设置医学校，令医药博士掌管教事。

宋代的医学教育是历代中最成功的，由太医局专管。学生并非初入门者，而是具有一定医疗水平的医师，毕业后的出路主要是担任政府的医官。医学校的分科由九科而至十三科。其教师则从翰林医官院遴选，生员曾多至 300 人。

宋以后的官方医学教育规模不及宋代，所设科目因时代不同而有所差异。元代四处征战，医学中正骨科被置于显要地位；清代天花、麻疹的发病率增高，则增设痘疹科。

32

什么是伤寒学派?

中医所说的"伤寒"与现代医学的"伤寒"不同,且有广义与狭义之分。广义的伤寒泛指一切外感热病。在病因学方面,中医主要将疾病分为"因于外"与"因于内"两大类,因此外感病虽然可以分为风、寒、暑、湿、燥、火,但总体上均可纳入"伤寒"之类。狭义的伤寒则是与中风、湿温、热病、温病并列的一种外感疾患类型。

东汉末年的张仲景继承《黄帝内经》的医学思想,总结前人的临证治疗经验,开创以六经辨伤寒,以脏腑辨杂病的理论,确立理法方药、辨证施治的医疗原则,著有《伤寒杂病论》一书。该书写成后不久即散佚,此后在流传过程中一分为二,其中外感热病部分经西晋王叔和整理编次成《伤寒论》,另一部分主要论述内科杂病,名为《金匮要略方论》。

《伤寒论》在北宋时得到刊刻,广为流传,逐渐产生了奉张仲景为鼻祖的"伤寒学派"。"伤寒学派"也有广义和狭义之分。广义的伤寒学派一般是相对于明清时期兴起的"温病学派"而言,他们推崇张仲景的《伤寒论》及其六经辨证体系,以此作为治疗外感病乃至各种杂病的总原则。狭义的伤寒学派则指各种研究、注释《伤寒论》的流派,包括三纲编次派、维护旧论派、以方类证派、以法类证派等等。自清末以来,又出现了以遵守张仲景的原方、原量、原服法自许的"经方派"。

33

温病学派的主要观点是什么?

温病学派是由专门研究外感热病的病因、病理发展变化规律及辨证论治的医家所形成的一个学术流派。温病学派的共同特点是:认为热病有性质不同的两大类——伤寒与温病，其病因、病机、治则概不相同。"温病"的本质在于湿热为病。温病一词可以上溯到《黄帝内经·素问》，书中将春季所发之外感病称为温病。到了金元时期，刘完素发明火热病机及论治方法，提出热病只能作热治，不能从寒医。

明清时期，瘟疫流行猖獗，尤以江浙一带为著，且该地区气候溽暑，热病盛行，客观上促使江浙诸医家对温热病进行研究，并由此逐渐形成一个学派。吴有性的《温疫论》认为，瘟疫与伤寒虽有相似之处，但病因、病机、治法等却迥然不同。瘟疫是因感天地之"厉气"所致，邪自口鼻而入，具有传染性、流行性、特异性。叶桂在《温热论》中提出了卫气营血辨证论治体系，系统阐述了瘟病的病因、病机、感染途径、侵犯部位、传变规律和治疗方法。吴瑭在《温病条辨》中系统阐述了瘟病的三焦辨证，确立了新的辨治体系，力主温病完全脱离于伤寒而自成体系。清末的王孟英将温病分为新感与伏气两大类，并对病源、证候及诊治等进行阐述。

温病学派对温病在医疗实践和理论上的发展，使得温病在理、法、方、药上自成体系，从而使温病学独立于伤寒之外，成为一门学科，既补充了伤寒学说的不足，又与伤寒学说互为羽翼。

34

什么是"脏腑学说"？

"脏腑学说"是中医基础理论的重要组成部分，是研究人体各脏腑、组织、器官的生理功能、病理变化及其相互联系的学说。脏腑是中医对内脏的总称，其中"脏"原作"藏"，包括心、肝、脾、肺、肾等五个实体性内脏器官，称之为"五脏"。"腑"原作"府"，包括胃、大肠、小肠、膀胱、胆、三焦等六个空腔性器官，称之为"六腑"。此外还有"奇恒之腑"，即脑、脉、骨、髓、胆、女子胞。

脏腑学说的实质是对内脏功能的认识。与现代医学比较起来，古人在形态学方面对胸腹腔中的脏器已经有了基本认识，但在功能方面对于心、肝、脾、肺、肾、胆等器官的认识则与现代医学相去甚远，比较清楚的只有包括胃、小肠、大肠在内的消化道器官。但脏腑学说的核心却恰恰是与客观相距较远的"脏"，认为人体是由五脏为中心，以六腑相配合，以精、气、血、津液为物质基础，通过经络使脏与脏、脏与腑、腑与腑密切联系，外连五官九窍、四肢百骸，从而构成一个有机的整体。

脏腑在中医学里不单纯是解剖学概念，更重要的是一个生理或病理学方面的概念。脏腑学说借助五脏与五行的配属关系，认为五脏虽在体内，但一切外在的表现与变化均隶属于五脏的形态和功能。在中医诊治疾病时，可以以脏腑生理、病理特点为基础，通过四诊八纲，辨别五脏六腑的阴阳、气血、虚实、寒热等变化，为治疗提供依据。

35

针灸铜人是做什么用的？

针灸是中国传统医学中的一种重要治疗手段，通过物理刺激人体穴位来防病治病。一般认为，针灸起源于原始的放血与热敷手段，出现时间不晚于公元前3世纪末。在长期的医疗实践中，古代医学家积累了丰富的针灸临床经验，出现了许多针灸著作。

北宋天圣年间，翰林医官王惟一奉宋仁宗之命主持制造针灸铜人两座，其高度与成年男性相仿，工艺水平相当高。胸背前后两面可以开合，胸腔内的五脏六腑皆可见。铜人表面刻有人体的经脉循行路线，三百五十四个穴位都做成孔状，一旁标有名称。铜人在平时用于示范教学，考试时则在体表涂一层蜡覆盖穴位经络，体腔内注满水，再给铜人穿上衣服。应试

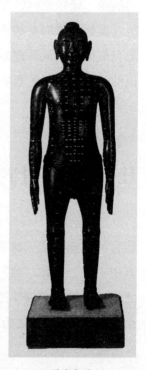

针灸铜人

者按要求针刺穴位，如果位置准确，则蜡破水出；如取穴不准，针便不能刺入。

与此同时，王惟一还主持编修了《铜人腧穴针灸图经》，有插图15幅，它不仅是针灸铜人的说明手册，还以十四经为纲，三百五十四穴为目，对此前的针灸理论做了系统整理。图经中的经络腧穴图曾被刻在石碑上，立于大相国寺仁济殿。

铜人的铸造，对针灸学和针灸教学的发展起了很大的促进作用，故历来为针灸学家所推崇。明英宗曾诏命重新铸造针灸铜人，供奉在太医院。明嘉靖年间针灸学家高武也曾铸造男、女、儿童形状的针灸铜人各一具。清乾隆七年（1742），清政府令吴谦等人编撰《医宗金鉴》，也曾铸若干具小型针灸铜人来奖励主编者。

36

古代药物炮制技术是如何发展的？

炮制指用中药原料制成药物的过程。中药绝大多数为天然动、植、矿物，因此需要对原料进行加工，使之适宜于贮存、服用，并发挥疗效。

炮制在古代又称"炮炙"，炮、炙分别为古老的烹饪方法。马王堆出土的先秦古医书《五十二病方》中，首载炮、炙、燔、煅、细切、熬、酒渍等炮制方法。《神农本草经》说明了药物的加工炮制与药物的性质和疗效的关系。东汉张仲景《伤寒杂病论》记载了近百种中药炮制方法，如麻黄去节、大黄酒洗、甘草炙、桂枝去皮等。所示的剂型还含有浸膏剂、糖浆剂、洗剂、坐药等。

南北朝时期雷敩的《雷公炮炙论》是我国第一部炮制专著，记载了300种常用药的炮制方法，尤其对蒸、煮等法介绍详尽。该书详述操作要求、辅料数量、修制时间，其中某些方法一直沿用至今。宋代把经过炮制的药称作"熟药"，未经炮制的为"生药"。官方设立了药局，汇集名方，拟定制剂规范，称《和剂局方》。

明代李时珍的《本草纲目》是综合性本草著作，其中也设有"修治"一项，共收录常用中药339种的炮制方法，以及近40种中成药剂型的配制技术。清代赵学敏的《本草纲目拾遗》提出炒炭应注意火候，强调炭化存性问题。清代的中药炮制还形成了不同的流派，如金陵帮、樟树帮、建昌帮等。不同的流派使用的工具不同、饮片规格形式不一、对某些药物的炮制法也各有千秋。

 37

古人怎样认识食疗？

食疗又称食治，是利用食物的特性来调节机体功能，使其获得健康或愈疾防病的一种方法。广义上的食疗包括选择适当的饮食、养成良好的饮食习惯以及注意饮食卫生等方式。

早在先秦时期，中国便出现了较为丰富的食疗理论。《周礼》中记载的医学分科已将食医与疾医、疡医、兽医并列，负责"六食、六饮、六膳、百羞、百酱、八珍之齐"。《黄帝内经》则主张"五谷为养，五果为助，五畜为益，五菜为充，气味合而服之，以补精益气"。

东汉的张仲景强调在服药期间应禁忌生冷、粘腻、辛辣等食物。唐代孙思邈的《千金要方》卷二十六"食治"是现存最早的食疗专篇，他主张医生面对疾病应当先考虑食疗，食疗不愈再用药。书中记载的果实、蔬菜、谷米、鸟兽共162种，大部分都具有补养功能。

北宋陈直的《养老奉亲书》专门讨论老年人的保健问题，所列食疗食养方剂占总数的三分之二以上。如"益气牛乳方"详细说明了牛乳的适用范围、作用机理和剂型，认为牛乳最适宜老人。南宋的娄居中则将食疗食养推广到儿科治疗中。

元代忽思慧的《饮膳正要》对健康人的饮食做了很多的论述，开药膳之先河，堪称我国第一部营养学专著。书中记载的每一种食物都列出其养生作用与医疗效果，并详细注明食物的制作和烹调方法。明代李时珍的《本草纲目》也收录了谷物、蔬菜、水果类药物300余种，动物类药物400余种，皆可供食疗使用。

怎样用人痘预防天花?

天花是一种烈性传染病，全世界曾广泛采用种牛痘的方法加以预防。而在中国古代，最初采用的方法则是种人痘，即从患者的痘疮中提取浆液，再接种给他人，使其在感染后产生免疫力。这是中国医学史上的一项重大发明。

我国关于天花的最早记载出自晋代葛洪的《肘后方》，称其为"虏疮"。目前已知最早的种人痘记录出现在

人痘接种术

1522 年左右。到了半个世纪后的明代隆庆年间 (1567—1572)，种痘法已盛行于世。进入清代之后，由于康熙皇帝的亲自推广，种痘术的传播大大加快。古人种痘的方法主要有四种：痘衣法（让接种者穿上天花患者穿过的衣服）、痘浆法（将痘疮的浆液用棉花蘸塞于被接种者的鼻孔中）、旱苗法（将痘痂研末成粉后吹入接种者的鼻孔）以及水苗法（将痘痂粉调湿后用棉花蘸塞于接种者的鼻孔中）。古人在种痘实践中还发现，天花病人的痘痂（时苗）不如种痘后接种者发出的痘痂（种苗），"种苗"屡经接种精选之后可成"熟苗"，用这样的痘苗进行接种安全性更高。

人痘接种术发明后逐渐传播到海外。临近的朝鲜、日本的种痘术都是由中国传入的。1688 年俄国派医生来北京学习种痘术，后来种痘术又由俄国传至土耳其。18 世纪初，种痘术传播到英国。18 世纪末，英国医生琴纳在人痘接种术的基础上发明了种牛痘的新技术。牛痘比人痘的危险性更小，因此很快取代人痘成为世界各国预防天花的主要武器。

39

古人怎样认识吸烟对健康的影响？

烟草原产于美洲，在明朝万历年间传入我国，一开始被音译为"淡巴菰"，后来又有金丝、相思草、八角草等名，最后才定名为烟草。

烟草刚在中国出现时，人们认为它具有止痛、驱虫、御寒、祛湿的功效，许多医书都将其列为药物。如明代天启年间的《本草汇言》称其为"利九窍之药"，可以御霜露风雨之寒，辟山蛊鬼邪之气。清代的《本草逢原》也记载，烟草一开始被福建人用来祛瘴，此后北方人又用它来辟寒。还有人用其浸液灌肠杀虫、去头虱。

明末清初，烟草转变为嗜好品，种植面积迅速扩大，男女老幼都吸。随着吸烟的人越来越多，人们逐渐发现长期吸烟会损害健康。明末方以智的《物理小识》指出，长期吸烟会导致肺焦，发病后无药可治，直到吐黄水而死。《本草逢原》在介绍完烟草传播的历史之后也写道："岂知毒草之气，熏灼脏腑，游行经络，能无壮火散气之虑乎？"并强调吸烟之后不能饮酒；长期吸烟导致肺胃不清者，可以用砂糖汤来治疗。

清代赵学敏在《本草纲目拾遗》中称烟草制成的烟有生熟二种，熟者性烈，损人尤甚。赵学敏有一位喜欢吸烟的友人名叫张寿庄，生了病，每天早晨都咳吐浓痰遍地，求医一年还没好，以为是得了难以医治的慢性疾病。后来他有一个月没有吸烟，结果病症全无，精神焕发，食欲大增，这才明白一切病症都是吸烟造成的。

40

《洗冤集录》是一部怎样的书？

《洗冤集录》是中国古代最著名的法医学专著，成书于南宋淳祐七年

（1247）。作者宋慈先后四次出任负责司法监察的"提点刑狱"，在审核命案时发现地方官员缺乏尸检经验，容易酿成冤案，于是写成此书，以做参考。

法医检验在我国可追溯至先秦时期，最晚在唐代已有对损伤的定义和分类，以此作为量刑依据。一些著作中记载的检验手段很有价值，如五代《疑狱集》中的"张举烧猪"，就是将死活两头猪同时置于火中，以说明被烟火烧死者口鼻内有灰，而死后被火烧者口鼻内无灰。但在宋慈之前，这些检验经验尚未形成独立的体系。

《洗冤集录》是宋慈在吸收前人著作大量内容的基础上编纂而成的。全书共分成53条，除了关于检验的条令法规之外，主要论述各种死伤特征和检验要领，包括自

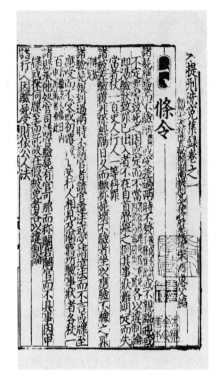

宋慈《洗冤集录》（元刻本）

缢、溺死、服毒、病死、受杖死、跌死、牛马踏死、雷震死等近30种死亡方式的尸检方法，涵盖了现代法医学在尸体外表检验方面的大部分内容。该书并不是零散记述检验经验的案例汇编，而是利用相关知识创立的体系，其体例已非常接近今天的法医学教科书。

《洗冤集录》对后世司法检验影响极大，元明清三代的司法检验著作多是以其为蓝本，增添后人经验而成，如元代王与的《无冤录》、清代刑部颁行的律例馆《校正洗冤录》等。在《洗冤集录》基础上形成的法医学体系还影响了临近的朝鲜和日本。

41

古人是如何治疗骨折和脱臼的?

骨折和脱臼对人体的伤害很大。在汉代,军营中就设有"折伤簿",用来记录军人外伤骨折的治疗情况。到了元代,骨科成为了中医学中的一门独立的分科,称为"正骨科"。

无论古今,治疗骨折和脱臼等伤病的手法高度依赖师徒相授和亲身实践,否则是不可能掌握的,这一特点导致古代医学书籍中关于接骨复位操作技术的记录并不多见。在隋代成书的《诸病源候论》中有专门讲述正骨的章节,其中提出了一些正确的治疗方法。比如,对于开放性骨折,应该尽早进行手术治疗,在缝合前还要清除碎骨和异物,否则创口就不容易愈合。

唐代的《仙授理伤续断方》是我国现存最早的正骨专著。这部著作简明扼要地论述了骨折和脱臼的处理原则以及相应的方药。书中提出的骨伤整复步骤包括清洁伤口、检查诊断、牵引整复、复位敷药、夹板固定、复查换药、服药、再洗等等。其中一些方法在今天看来仍有意义。例如,当折断的骨锋刺出体外,可以用手术刀削掉骨锋或切开皮肉再进行手术整复。

清代乾隆年间的官修医书《医宗金鉴·正骨心法要旨》对我国古代正骨术做了总结,书中提出的正骨八法为摸、接、端、提、按、摩、推和拿,正骨器具包括裹帘、竹帘、通木、腰柱等等,各有用处。比如,腰柱用杉木四根制成,形状像扁担,宽一寸,厚五分,用于腰部损伤的治疗。书中还用配图的方式介绍了许多具体的整复手法,方便人们掌握。